全国高等农林院校"十三五"规划教材

基础生物化学实验

JICHU SHENGWU HUAXUE SHIYAN

朱新产　高　玲　主编

中国农业出版社

内容简介

　　本书系统全面地介绍了高等农林院校基础生物化学常用实验技术与方法，是生物化学课程教学改革的配套教材。全书共分两篇，从生物分子的组成、结构、性质和功能到代谢、能量、信息及调节的生命现象研究，精选了最能代表生物化学特点的最基本的实验方法与技术，将多种实验手段和技术及多层次的实验内容整合在一起形成一个新的体系，利于学生掌握相应的基本知识与基本技能，达到培养与提高学生灵活运用所学理论知识和实验技能去发现问题、分析问题、解决问题的能力。全书共38个实验项目，图表近80幅，内容丰富，实验方法严谨可靠，可操作性强，适合作为高等农林院校农学、园艺、食品、生物工程、动物科学等专业的本、专科学生使用的实验教科书，也可作为生物学科研人员、大学生以及生物学爱好者的参考书。

编 写 人 员

主　　　编　朱新产　高　玲

副 主 编　孙晓红　张　勇　孙　新

　　　　　　葛　蔚　王清吉

编写组成员　（以姓名笔画为序）

　　　　　　王清吉　孙　新　孙晓红

　　　　　　刘春英　朱新产　张　丽

　　　　　　张　弢　张　勇　易晓华

　　　　　　侯晓敏　高　玲　唐　超

　　　　　　梁旭清　葛　蔚

前　言

  《基础生物化学实验》是针对农林类高等院校的生物类、农学类等专业编写的一本重要的专业基础课实验教材。本着宽专业、厚基础、重应用的教育宗旨，在引导学生全面掌握基础生物化学实验的基本原理和操作技能的基础上，着重培养学生的创新意识、动手能力以及分析问题和解决问题的能力，有助于学生对后续相关课程知识的学习与掌握，对学生在生物学领域的研究与知识应用起着十分重要的作用。本教材总的编写原则是：根据生物类、农学类等专业对生物化学技术的需求，把学生必须掌握的基本技能和现代生物化学技术有机紧密地结合在一起，使其内容成为一个完整的、丰富的体系，同时也兼顾不同学科之间的相互交叉和相互渗透。本教材从生物化学的静态部分（包括组成、结构、性质和功能等内容）到动态部分（包括代谢、转化、能量及调节等内容），循序渐进地整合了常规的实验技术、基础实验、验证实验、综合提高实验等内容。

  我们遵照全国高等农业院校农学类专业《基础生物化学教学大纲》的要求，参考不同院校主编《生物化学实验指导》以及国内外相关文献资料，结合学科研究进展和教学实践发展的需要，组织在教学第一线从事多年基础生物化学理论与实验教学、具有丰富工作经验的教师编写了《基础生物化学实验》一书。编写过程中，尽量保证实验内容的科学性、准确性、系统性和基础实用性，力求做到精练与详细相结合，知识传授与能力培养相结合。本书可作为各院校生物类、农学类等专业基础生物化学实验课的教材，也可供其他专业的本科生、研究生、教师和科技工作者参考。

  因基础生物化学实验的覆盖面广、涉及学科多、技术发展快，编写存在一定的难度，虽经所有编者共同努力，但由于时间仓促，加之水平有限，教材中的不妥之处在所难免，恳请读者予以批评指正。

编　者

2016 年 6 月

目　录

理 论 部 分

一、基础生物化学常用实验技术

（一）离心技术

离心（centrifugation）技术是利用离心机，借助离心力（centrifugal force）分离液相非均一体系的过程。生物样品悬浮液在高速旋转下，由于离心力作用，悬浮的微小颗粒（细胞器、生物大分子的沉淀等）以一定的速度沉降，从而得以分离，而沉降速度取决于颗粒的质量、大小和密度等。

1. 基本原理

（1）离心力。当物质颗粒以一定角速度做圆周运动时，受到一个向外的离心力 F。这种力的大小取决于角速度（ω）、旋转半径（r）和粒子的质量（m），方程式为：

$$F = m \cdot a = m \cdot r \cdot \omega^2 = m \cdot r \cdot \left(\frac{2\pi N}{60}\right)^2$$

式中，a 为粒子旋转的加速度；m 为沉降固体颗粒的有效质量；r 为离心半径（cm），即转子中心轴到沉降颗粒之间的距离；N 为离心机转速（r/min）。

由于各种离心机转子的半径或者离心管至旋转轴中心的距离不同，粒子在相同转速下所受离心力也不同，因此常用相对离心力（relative centrifugal force，RCF）表示离心力。相对离心力是指在离心力场的作用下，颗粒所受离心力相当于地球重力的倍数，单位是重力加速度（$9.8\,\text{m/s}^2$）。可表示如下：

$$RCF = \frac{F}{m \cdot g} = \frac{m \cdot r \cdot \omega^2}{m \cdot g} = \frac{r}{g} \cdot \left(\frac{2\pi N}{60}\right)^2$$

式中，RCF 为相对离心力，单位以重力加速度 g 的倍数表示。当知道了离心机转速和转头半径后，就很容易计算相对离心力。

（2）沉降系数。沉降系数（sedimentation coefficient）是离心时，大分子沉降速度的量度，等于每单位离心场的沉降速度。可用下式表示：

$$S = \frac{V}{\omega^2 r}$$

式中，ω 是离心转子的角速度（rad/s）；r 是到旋转中心的距离；V 是沉降速度；S 为沉降系数，通常范围为 $(1 \times 10^{-13}) \sim (200 \times 10^{-13})$ s，10^{-13} 这个数值命名为 1 Svedberg 单

位，以纪念离心机研究先驱 Theodor Svedberg（瑞典化学家），简写为 S。即 $1 S = 10^{-13}$ s，如血红蛋白的沉降系数约为 4×10^{-13} s 或 4 S。大多数蛋白质和核酸的沉降系数为 4～40 S。

2. 离心机的种类与用途

离心机的种类按转速可分为常速（低速）、高速和超速三类；按用途可分为分析用、制备用和分析-制备两用三类；按对离心样品控制的温度可分为常温和低温（冷冻）两类。下面按离心机的转速进行简单介绍。

（1）常速离心机。最大转速 8 000 r/min 以内，最大相对离心力在 1×10^4 g 以下，容量为几十毫升至几升，分离形式是固液沉降分离，转子有角式和外摆式，主要用于收集易沉降的大颗粒物质，如细胞、细胞碎片以及培养基残渣等固形物或粗结晶等较大的颗粒。这种离心机多为常温下操作。

（2）高速离心机。最大转速为 (1×10^4) ～ (2.5×10^4) r/min，最大相对离心力为 (1×10^4) ～ (1×10^5) g，最大容量可达 3 L，分离形式也是固液沉降分离，转头配有各种角式转头、荡平式转头、区带转头、垂直转头和大容量连续流动式转头，一般都有制冷系统，以消除高速旋转转头与空气之间摩擦而产生的热量，离心室的温度可以调节和维持在 0～4 ℃，转速、温度和时间都可以严格准确地控制。通常用于微生物菌体、细胞碎片、大细胞器、硫酸铵沉淀和免疫沉淀物等的分离纯化工作。

（3）超速离心机。转速可达 (2.5×10^4) ～ (8×10^4) r/min，相对离心力最大可达 5×10^5 g，甚至更高。离心容量由几十毫升至 2 L，分离的形式是差速沉降分离和密度梯度区带分离，离心管平衡允许的误差要小于 0.1 g。超速离心机用于分离亚细胞器、病毒、核酸、蛋白质和多糖等。超速离心机都配有温度控制系统和真空系统。当转速超过 2×10^4 r/min 时，由空气与旋转转头之间摩擦产生的热量显著增大，为此，将离心腔密封，并由真空泵系统抽成真空，温度的变化容易控制，摩擦力很小，这样才能达到所需的超高转速。

3. 常用离心技术

（1）差速沉降离心法。采用不同的离心速度和离心时间，使沉降速度不同的颗粒分批分离的方法，称为差速离心（differential centrifugation）。此法一般用于分离沉降系数相差较大（大小和密度差异较大）的颗粒。操作时，采用均匀的悬浮液进行离心，首先要选择好颗粒沉降所需的离心力和离心时间。离心后，在离心管底部会得到最大和最重颗粒的沉淀，上清液在加大转速下再进行离心，又得到较大和较重颗粒的沉淀及含小和轻颗粒的上清液。如此经过多次离心，就能把液体中的不同颗粒比较好地分开。此法所得沉淀是不均一的，仍混有其他的成分，需要再悬浮和离心 2～3 次，才能得到较纯颗粒。差速离心法主要用于分离细胞器和病毒，操作简单。离心后用倾倒法即可将上清液与沉淀分开，缺点是须经多次离心，沉淀中有杂质，分离效果差，不能一次得到纯的颗粒，沉淀于管底的颗粒受挤压，有可能变性失活。

（2）密度梯度离心法。密度梯度离心（density gradient centrifugation）是一种区带分离方法，其特点是离心管中液相介质密度是不均一的，自上而下密度逐渐增大，形成一定的梯度。梯度介质应有足够大的溶解度，来形成所需的密度，不与分离组分反应，不会引起分离组分的凝聚、变性或失活，不影响生物样品的天然结构和生物学活性。常用的梯度介质有蔗糖、甘油、氯化钠、氯化铯等。例如，蔗糖密度梯度系统，其梯度范围是：蔗糖浓度 5%～60%，密度 1.02～1.30 g/cm^3。

密度梯度的制备可采用梯度混合器，也可将不同浓度的蔗糖溶液，小心地一层层加入离心管中，越靠管底，浓度越高，形成阶梯梯度。离心前，把样品小心地铺放在预先制备好的密度梯度溶液的表面。离心后，不同大小、不同形状、有一定的沉降系数差异的颗粒在密度梯度溶液中形成若干条界面清晰的不连续区带。各区带内的颗粒较均一，分离效果较好。

4. 离心操作的注意事项

离心机是生物化学实验教学和生物化学科研的重要设备，因其转速高，产生的离心力大，使用不当或缺乏定期的检修和保养，都可能引起严重事故，因此使用离心机时都必须严格遵守操作规程。

（1）使用离心机时，必须先在天平上精密地平衡离心管和其内容物，平衡时质量之差不得超过离心机说明书上所规定的范围，不同的离心机和不同的转头有各自的允许差值，当转头只是部分装载时，离心管必须互相对称地放在转头中，以使负载均匀地分布在转头的周围。

（2）装载溶液时，要根据离心机的具体操作说明进行，根据待离心液体的性质及体积选用适合的离心管，无盖的离心管，液体不得装得过多，以防离心时甩出，造成转头不平衡、生锈或被腐蚀。制备型超速离心机的离心管，常常要求必须将液体装满，以免离心时塑料离心管的上部凹陷变形。每次使用后，必须仔细检查转头，及时清洗、擦干，转头是离心机中须重点保护的部件，搬动时要小心，不能碰撞，避免造成伤痕，转头长时间不用时，要涂上一层上光蜡保护，严禁使用显著变形、损伤或老化的离心管。

（3）在低于室温的温度下离心时，转头在使用前应放置在冰箱或置于离心机的转头室内预冷。

（4）离心过程中不得随意离开，应随时观察离心机上的仪表是否正常工作，如有异常的声音应立即停机检查，及时排除故障。

（二）沉淀分离技术

沉淀法是溶液中溶质由液相变为固相析出的过程。沉淀法操作简单，成本低廉，不仅用于实验室中，也用于某些生产目的的制备过程中，是分离纯化生物大分子，特别是制备蛋白质和酶时最常用的方法。通过沉淀，将目的生物大分子转入固相沉淀或留在液相，而与杂质初步分离。

沉淀法是基于不同物质在溶剂中的溶解度的差异而达到分离目的。溶解度的大小与溶质和溶剂的化学性质和结构有关，溶剂组分的改变，加入某些沉淀剂或改变溶液的 pH、离子强度和极性都会使溶质的溶解度产生明显的改变。

在生物大分子制备中最常用的几种沉淀方法是：

① 中性盐沉淀（盐析法）：多用于各种蛋白质和酶的分离纯化。

② 有机溶剂沉淀：多用于蛋白质和酶、多糖、核酸以及生物小分子的分离纯化。

③ 选择性沉淀（热变性沉淀和酸碱变性沉淀）：多用于去除某些不耐热的和在一定 pH 下易变性的杂蛋白。

④ 等电点沉淀：用于氨基酸、蛋白质及其他两性物质的沉淀，但此法单独应用较少，多与其他方法结合使用。

⑤ 有机聚合物沉淀：该方法是发展较快的一种新方法，主要使用聚乙二醇（polyethylene glycol，PEG）作为沉淀剂。

1. 中性盐沉淀法（盐析法）

在溶液中加进中性盐使生物大分子沉淀析出的过程称为盐析。除了蛋白质和酶以外，多肽、多糖和核酸等都可以用盐析法进行沉淀分离，20%～40%饱和度的硫酸铵可以使很多病毒沉淀，43%饱和度的硫酸铵可以使 DNA 和 rRNA 沉淀，而 tRNA 保存在上清液。盐析法已有八十多年的历史，应用最广泛的领域是蛋白质，其突出的优点是：成本低廉，不需要特别昂贵的设备；操纵简单、安全；对很多生物活性物质具有稳定作用。

(1) 中性盐沉淀蛋白质的基本原理。蛋白质和酶均易溶于水，由于该分子的—COOH、—NH₂ 和—OH 都是亲水基团，与极性水分子相互作用形成水化层，包围于蛋白质分子四周形成 1～100 nm 颗粒的亲水胶体，削弱了蛋白质分子之间的作用力，蛋白质分子表面极性基团越多，水化层越厚，蛋白质分子与溶剂分子之间的亲和力越大，因而溶解度也越大。亲水胶体在水中的稳定因素有两个：电荷和水膜。由于中性盐的亲水性大于蛋白质和酶分子的亲水性，所以加进大量中性盐后，夺走了水分子，破坏了水膜，暴露出疏水区域，同时又中和了电荷，破坏了亲水胶体，蛋白质分子即形成沉淀。

(2) 中性盐的选择。常用于盐析的中性盐是硫酸铵，它与其他常用盐类相比有十分突出的优点：分离效果好；不易引起蛋白变性；由于酶和各种蛋白质通常是在低温下稳定，因而盐析操作一般要求在低温下（0～4 ℃）进行，而硫酸铵溶解度大，尤其是在低温时仍有相当高的溶解度，这是其他盐类所不具备的。

(3) 盐析的操作方法。最常用的是固体硫酸铵加入法。欲从较大体积的粗提取液中沉淀蛋白质时，往往使用固体硫酸铵，加入之前要先将其研成细粉，在搅拌下缓慢、均匀、少量多次地加入，尤其当接近终点饱和度时，加入的速度更要慢一些，尽量避免局部硫酸铵浓度过大而造成不应有的蛋白质沉淀。盐析后要冰浴一段时间，待沉淀完全后再离心或过滤。在低浓度硫酸铵中盐析可采用离心分离，高浓度硫酸铵常用过滤方法，由于高浓度硫酸铵密度太大，要使蛋白质完全沉降下来需要较高的离心速度和较长的离心时间。

各种饱和度下需加固体硫酸铵的量可由附录中查出。硫酸铵浓度的表示方法是以饱和溶液的百分数表示，称为百分饱和度，而不用实际的质量或物质的量，这是由于当固体硫酸铵加到水溶液中时，会出现相当大的非线性体积变化，计算浓度相当麻烦，为了克服这一困难，研究人员经过精心测量，确定出 1 L 纯水达到不同浓度所需加入硫酸铵的量，以饱和浓度的百分数表示。

(4) 盐析曲线的制作。假如要分离一种新的蛋白质和酶，没有文献数据可以借鉴，则应先确定沉淀该物质的硫酸铵饱和度。具体操作方法如下：取已定量测定蛋白质或酶的活性与浓度的待分离样品溶液，冷至 0～5 ℃，调至该蛋白质稳定的 pH，分 6～10 次分别加进不同量的硫酸铵，第一次加硫酸铵至蛋白质溶液刚开始出现沉淀时，记下所加硫酸铵的量，这是盐析曲线的起点。继续加硫酸铵至溶液微微混浊时，静止一段时间，离心得到第一个沉淀级分，然后取上清液再加至混浊，离心得到第二个级分，如此连续可得到 6～10 个级分，按照每次加进硫酸铵的量，在附录中查出相应的硫酸铵饱和度。将每一级分沉淀物分别溶解在一定体积的适宜的 pH 缓冲液中，测定其蛋白质含量和酶活力。以每个级分的蛋白质含量和酶活力对硫酸铵饱和度作图，即可得到盐析曲线。

(5) 盐析的影响因素。

① 蛋白质的浓度：中性盐沉淀蛋白质时，溶液中蛋白质的实际浓度对分离的效果有较大的影响。通常高浓度的蛋白质用稍低的硫酸铵饱和度即可将其沉淀下来，但若蛋白质浓度过高，则易产生各种蛋白质的共沉淀作用，除杂蛋白的效果会明显下降。对低浓度的蛋白

质，要使用更大的硫酸铵饱和度，其共沉淀作用小，分离纯化效果较好，但回收率会降低。通常认为比较适中的蛋白质浓度是 2.5%～3.0%，相当于 25～30 mg/mL。

② pH 对盐析的影响：蛋白质所带净电荷越多，它的溶解度就越大。改变 pH 可改变蛋白质的带电性质，因而就改变了蛋白质的溶解度。远离等电点处溶解度大，在等电点处溶解度小，因此用中性盐沉淀蛋白质时，pH 常选在该蛋白的等电点附近。

③ 温度的影响：温度是影响溶解度的重要因素，对于多数无机盐和小分子有机物，温度升高溶解度加大，但对于蛋白质、酶和多肽等生物大分子，在高离子强度溶液中，温度升高，它们的溶解度反而减小。在低离子强度溶液或纯水中，蛋白质的溶解度大多数还是随浓度升高而增加的。在一般情况下，对蛋白质盐析的温度要求不严格，可在室温下进行。但对于某些对温度敏感的酶，要求在 0～4 ℃下操作，以避免活力丧失。

2. 有机溶剂沉淀法

（1）基本原理。有机溶剂对于很多蛋白质（酶）、核酸、多糖和小分子物质都能发生沉淀作用，是较早使用的沉淀方法之一。其沉淀作用的原理主要是降低水溶液的介电常数，溶剂的极性与其介电常数密切相关，极性越大，介电常数越大，如 20 ℃时水的介电常数为 80，而乙醇和丙酮的介电常数分别是 24 和 21.4，因而向溶液中加进有机溶剂能降低溶液的介电常数，减小溶剂的极性，从而削弱了溶剂分子与蛋白质分子间的相互作用力，增加了蛋白质分子间的相互作用，导致蛋白质溶解度降低而沉淀。溶液介电常数的减少就意味着溶质分子异性电荷库仑引力的增加，使带电溶质分子更易互相吸引而凝集，从而发生沉淀。另一方面，由于使用的有机溶剂与水互溶，它们在溶解于水的同时从蛋白质分子四周的水化层中夺走了水分子，破坏了蛋白质分子的水膜，因而发生沉淀作用。

有机溶剂沉淀法的优点是：①分辨能力比盐析法高，即一种蛋白质或其他溶质只在一个比较窄的有机溶剂浓度范围内沉淀。②沉淀不用脱盐，过滤比较容易（如有必要，可用透析袋脱有机溶剂）。因而在生物化学制备中有广泛的应用。其缺点是对某些具有生物活性的大分子易引起变性失活，操作需在低温下进行。

（2）有机溶剂的选择和浓度的计算。用于生物化学制备的有机溶剂的选择首先是要能与水互溶。沉淀蛋白质和酶常用的是乙醇、甲醇和丙酮。沉淀核酸、糖、氨基酸和核苷酸最常用的沉淀剂是乙醇。

进行沉淀操作时，欲使溶液达到一定的有机溶剂浓度，需要加进的有机溶剂的浓度和体积可按下式计算：

$$V = V_0 (S_2 - S_1) / (100 - S_2)$$

式中，V 为需加进 100% 浓度有机溶剂的体积；V_0 为原溶液体积；S_1 为原溶液中有机溶剂的浓度；S_2 为所要求达到的有机溶剂的浓度；100 是指加进的有机溶剂浓度为 100%，如所加进的有机溶剂的浓度为 95%，上式的（$100 - S_2$）项应改为（$95 - S_2$）。

上式的计算由于未考虑混溶后体积的变化和溶剂的挥发情况，实际上存在一定的误差。有时为了获得沉淀而不进行分离，可用溶液体积的倍数，如加进一倍、二倍、三倍原溶液体积的有机溶剂，来进行有机溶剂沉淀。

（3）有机溶剂沉淀的影响因素。

① 温度：多数蛋白质在有机溶剂与水的混合液中，溶解度随温度降低而下降。值得注意的是大多数生物大分子（如蛋白质、酶和核酸）在有机溶剂中对温度特别敏感，温度稍高

就会引起变性，且有机溶剂与水混合时产生放热反应，因此有机溶剂必须预先冷却至较低温度，操作要在冰盐浴中进行，加入有机溶剂时必须缓慢且不断搅拌以免局部过浓。

②样品浓度：样品浓度对有机溶剂沉淀生物大分子的影响与盐析的情况相似，低浓度样品要使用比例更大的有机溶剂进行沉淀，且样品的损失较大，即回收率低，具有生物活性的样品易产生稀释变性。但对于低浓度的样品，杂蛋白质与样品共沉淀的作用小，有利于增加分离效果。反之，对于高浓度的样品，可以节省有机溶剂，减少变性的危险，但杂蛋白质的共沉淀作用大，分离效果下降。通常，使用 $5\sim20$ mg/mL 的蛋白质初浓度为宜，可以得到较好的沉淀分离效果。

③pH：有机溶剂沉淀适宜的 pH，要选择在样品稳定的 pH 范围内，而且尽可能选择样品溶解度最低的 pH，通常是选在等电点附近，从而提高沉淀的分辨能力。

④离子强度：离子强度是影响有机溶剂沉淀生物大分子的重要因素。以蛋白质为例，盐浓度太大或太小都有不利影响，通常溶液中盐浓度以不超过 5% 为宜，使用乙醇的量也以不超过原蛋白质水溶液的 2 倍体积为宜，少量的中性盐对蛋白质变性有良好的保护作用，但盐浓度过高会增加蛋白质在水中的溶解度，降低有机溶剂沉淀蛋白质的效果，通常是在低盐或低浓度缓冲液中沉淀蛋白质。

有机溶剂沉淀法经常用于蛋白质、酶、多糖和核酸等生物大分子的沉淀分离，使用时先要选择合适的有机溶剂，然后注意调整样品的浓度、温度、pH 和离子强度，使之达到最佳的分离效果。沉淀所得的固体样品，假如不是需要立即溶解进行下一步的分离，则应尽可能抽干沉淀，减少其中有机溶剂的含量，如若必要可以装入透析袋透析脱有机溶剂，以免影响样品的生物活性。

3. 选择性变性沉淀法

这一方法是利用蛋白质、酶和核酸等生物大分子与非目的生物大分子在物理、化学性质等方面的差异，选择一定的条件使杂蛋白质等非目的物变性沉淀而得到分离提纯，常用的选择性变性沉淀法有热变性、选择性酸碱变性和有机溶剂变性等。

(1) 热变性。利用生物大分子对热的稳定性不同，加热升高温度使某些非目的生物大分子变性沉淀而保存目的物在溶液中。此方法最为简便，不需消耗任何试剂，但分离效率较低，通常用于生物大分子的初期分离纯化。

(2) 表面活性剂和有机溶剂变性。不同蛋白质和酶等对于表面活性剂和有机溶剂的敏感性不同，在分离纯化过程中使用它们可以使那些敏感性强的杂蛋白质变性沉淀，而目的物仍留在溶液中。使用此法时通常都在冰浴或冷室中进行，以保护目的物的生物活性。

(3) 选择性酸碱变性。利用蛋白质和酶等对于溶液不同 pH 的稳定性的差异而使杂蛋白质变性沉淀，通常是在分离纯化流程中附带进行的一个分离纯化步骤。

4. 等电点沉淀法

等电点沉淀法是利用具有不同等电点的两性电解质，在达到电中性时溶解度最低，易发生沉淀，从而实现分离的方法。氨基酸、蛋白质、酶和核酸都是两性电解质，可以利用此法进行初步的沉淀分离。但是，由于很多蛋白质的等电点十分接近，而且带有水膜的蛋白质等生物大分子仍有一定的溶解度，不能完全沉淀析出，因此，单独使用此法分辨率较低，效果不理想，因而此法常与盐析法、有机溶剂沉淀法或其他沉淀剂一起配合使用，以提高沉淀能力和分离效果。此法主要用于在分离纯化流程中去除杂蛋白质，而不用于沉淀目的物。

5. 有机聚合物沉淀法

有机聚合物是 20 世纪 60 年代发展起来的一类重要的沉淀剂，最早应用于提纯免疫球蛋白和沉淀一些细菌和病毒。近年来广泛应用于核酸和酶的纯化。其中应用最多的是 PEG，它的亲水性强，溶于水和有机溶剂，对热稳定，分子质量范围广泛，在生物大分子制备中，用得较多的是相对分子质量为 6 000～20 000 的 PEG。

PEG 的沉淀效果主要与其本身的浓度和分子质量有关，同时还受离子强度、溶液 pH 和温度等因素的影响。在一定的 pH 下，盐浓度越高，所需 PEG 的浓度越低；溶液的 pH 越接近目的物的等电点，沉淀所需 PEG 的浓度越低。在一定范围内，高分子质量和浓度高的 PEG 沉淀的效率高。以上这些现象的理论解释还都仅仅是假设，未得到充分的证实，其解释主要有：①以为沉淀作用是聚合物与生物大分子发生共沉淀作用。②由于聚合物有较强的亲水性，使生物大分子脱水而发生沉淀。③聚合物与生物大分子之间以氢键相互作用形成复合物，在重力作用下形成沉淀析出。④通过空间位置排斥，使液体中生物大分子被迫挤聚在一起而发生沉淀。

本方法的优点是：操作条件温和，不易引起生物大分子变性；沉淀效率高，使用很少量的 PEG 即可以沉淀相当多的生物大分子；沉淀后有机聚合物较容易去除。

（三）光谱分析技术

由于每种原子都有自己的特征谱线，因此，可以根据光谱来鉴别物质和确定它的化学组成，这种方法称为光谱分析。这种方法的优点是非常灵敏而且迅速，某种元素在物质中的含量达 10^{-10} g，就可以从光谱中发现它的特征谱线，因而能够把它检测出来，光谱分析在生物化学中有广泛的应用。

根据波长区域不同，光谱可分为红外光谱、可见光谱和紫外光谱；根据被测成分的形态可分为原子光谱分析与分子光谱分析，光谱分析的被测成分是原子的称为原子光谱，被测成分是分子的则称为分子光谱；根据光谱产生的方式不同，可分为发射光谱、吸收光谱和散射光谱；根据光谱表观形态不同，可分为线光谱、带光谱和连续光谱。

生物化学测定中经常应用的是吸收光谱，如可见光谱和紫外光谱，采用的技术手段是紫外可见光分光光度法，这是生物化学研究工作中必不可少的基本手段之一。目前，紫外可见光分光光度计的应用主要是在定量分析方面。

（1）蛋白质分析工作中的应用。紫外可见光分光光度计在蛋白质的分析中，最主要的是做蛋白质含量检测，一般是在蛋白质的吸收峰上做吸光度测定。因为蛋白质对紫外光的主要吸收波长为 280 nm，所以采用光度测量模式，将仪器的波长调到蛋白质的最大吸收峰波长 280 nm 上，测试其吸光度大小，就可完成对蛋白质的定量检测。

（2）核酸分析工作中的应用。紫外可见光分光光度计在核酸分析中的应用，主要是用来对核酸的定量检测。因为核酸的吸收峰在 260 nm，只要采用光度测量模式，将紫外可见光分光光度计的波长调到核酸的最大吸收峰 260 nm 上即可。

（3）氨基酸分析工作中的应用。紫外可见光分光光度计在氨基酸分析中的应用，主要是用来对氨基酸的定量检测。因为氨基酸对紫外光的主要吸收波长为 230 nm，所以只要采用光度测量模式，将紫外可见光分光光度计的波长调到氨基酸的最大吸收峰 230 nm 上，就可测试其吸光度大小，从而计算出氨基酸的含量。

（4）糖类分析工作中的应用。紫外可见光分光光度计在糖的分析中，主要是做定量检测。因为糖对紫外光的主要吸收波长为 218 nm，所以对糖类进行分析时，只要采用光度测量模式，将紫外可见光分光光度计的波长调到糖的最大吸收峰 218 nm 上，就可测试其吸光度大小，从而计算出糖的含量。

（5）多糖分析工作中的应用。紫外可见光分光光度计在多糖的分析中，主要也是做定量检测。因为多糖对紫外光的主要吸收波长为 206 nm，所以只要采用光度测量模式，将紫外可见光分光光度计仪器的波长调到多糖的最大吸收峰 206 nm 上，就可测试其吸光度大小，从而计算出多糖的含量。但是，多糖的分析难度很大。因为在 206 nm 处的时候，光源（氘灯）的能量已经很弱，仪器光学系统的能量输出也很低，光电倍增管的灵敏度也很低，206 nm 左右的干扰也很大。所以用紫外可见光分光光度计做多糖的分析难度较大，目前许多科学家正在研究中。

这里将着重讨论紫外可见光分光光度法的基本原理及所用仪器构造，同时简要介绍其他的光谱分析方法。

1. 分光光度法

分光光度法（spectrophotometry）是利用物质所特有的吸收光谱来鉴别物质或测定其含量的一门技术。因分光光度法灵敏、精确、快速和简便，已成为生物化学研究中广泛使用的方法之一。

（1）基本原理。物质对光的吸收具有选择性，各种不同的物质都具有各自的吸收光谱。当某单色光通过溶液时，其透射光强会减弱。因为有一部分光在溶液的表面被反射或散射，一部分光被组成此溶液的物质所吸收，只有一部分光可透过溶液。

$$入射光＝反射光＋散射光＋吸收光＋透射光$$

当入射光、摩尔消光系数和溶液的光径长度不变时，透射光是根据溶液的浓度而变化的。这是分光光度计设计的基本原理。

（2）分光光度计。采用适当的光源、单色器（棱镜、滤光片等）和适当的光源接收器，可使溶质浓度的测定范围扩展到可见光区、紫外光区和红外光区，并提高灵敏度，可获得波长范围更窄的较纯的单色光，更符合 Beer-Lambert 定律。

由于分光光度计可在较宽的光谱范围（200～1 000 nm）内获得较纯的单色光，因此，既可用于可见光，也可用于紫外光或红外光的吸光测定。分光光度法可利用物质特有的吸收光谱曲线进行定性定量测定，测定物质既可为有色物质，也可为无色物质。

不同的物质分子结构不同，光吸收和效应不同，其吸收光谱曲线有其特殊的形状。以不同波长的单色光作为入射光，测定物质溶液的吸光度，然后以入射光的不同波长为横轴，各相应的吸光度为纵轴作图，可得该物质溶液的吸收光谱曲线。因此借助于分光光度法可测定出用化学方法不易分离的动植物组织中所含组分的不同吸收光谱曲线，用于确定组分的性质和含量。

常用的分光光度计有许多种，下面简要介绍常用的 752 型紫外可见光分光光度计的设计原理和使用方法。

752 型紫外可见光分光光度计由光源室、单色器、试样室、光电管暗盒、电子系统及数字显示器等部件组成（图 1）。752 型紫外可见光分光光度计使用光栅自准式色散系统和单光束结构光路，灵敏度更高（图 2）。

752 型紫外可见光分光光度计光谱范围 200～1 000 nm，光源由钨灯和氘灯组成，可自动切换光源，由于单色器利用平面光栅代替棱镜作为色散元件，克服了非线形色散，出射狭缝选出指定带宽的单色光通过聚光镜落在试样室被测样品中心，样品吸收后透射光经光门射向光电管

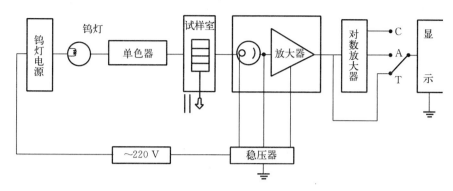

图 1　752 型紫外可见光分光光度计结构框架

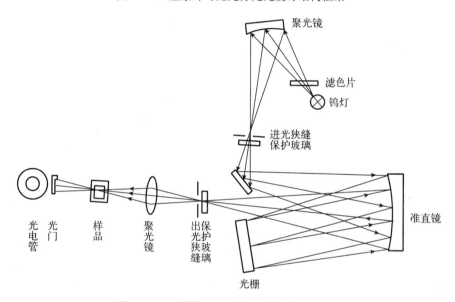

图 2　752 型紫外可见光分光光度计光学系统

阴极面，产生光电流，经显示器可直接显示出吸光度或透光度，乃至被测样品的浓度。

　　钨灯发出的连续辐射光经滤色片聚光镜聚光后投向单色器进入狭缝，此狭缝正好处于聚光镜及单色器内准直镜的焦平面上，因此进入单色器的复合光通过平面反射镜反射及准直镜准直变成平行光射向色散元件光栅，光栅将入射的复合光通过衍射作用形成按照一定顺序均匀排列的连续单色光谱。此单色光谱重新回到准直镜上，由于仪器出射狭缝设置在准直镜的焦平面上，这样，从光栅色散出来的光谱经准直镜后利用聚光原理成象在出射狭缝上，出射狭缝选出指定带宽的单色光通过聚光镜落在试样室被测样品中心。样品吸收后透射光经光门射向光电管阴极面，产生光电流，经显示器显示出来。使用时，开启电源，预热 20 min，用波长调节器调到所需的波长，将对照液与测定液分别装入比色杯内，放入比色盒中，盖好盖，对照液在光路上，调节透光率"100%T"按钮，使数字显示"100.0%T"。通过方式设定，可选择读取透光率"T"、吸光度"A"和浓度"C"，轻轻拉动比色槽滑杆，使其他比色杯依次处于光路上，同时从显示器上读出相应的值。

2. 原子吸收分光光度法

原子吸收光谱法（atomic absorption spectrometry，AAS），又称原子吸收分光光度法

（atomic absorption spectrophotometry，AAS）。原子吸收分光光度法的测量对象是呈原子状态的金属元素和部分非金属元素，是由待测元素灯发出的特征谱线通过供试品经原子化产生的原子蒸气时，被蒸气中待测元素的基态原子所吸收，通过测定辐射光强度减弱的程度，求出供试品中待测元素的含量。原子吸收一般遵循分光光度法的吸收定律，通常借比较对照品溶液和供试品溶液的吸光度，求得供试品中待测元素的含量。它是测定痕量和超痕量元素的有效方法，具有灵敏度高，干扰较少，选择性好，操作简便、快速，结果准确、可靠，应用范围广，仪器比较简单，价格较低廉等优点，而且可以使整个操作自动化，因此近年来发展迅速，是应用广泛的一种仪器分析新技术。

原子吸收分光光度计由光源、原子化器、单色器、背景校正系统、自动进样系统和检测系统等组成。常见原子化器有以下几种。

（1）火焰原子化器。由雾化器及燃烧灯头等主要部件组成。其功能是将供试品溶液雾化成气溶胶后，再与燃气混合，进入燃烧灯头产生的火焰中，以干燥、蒸发、离解供试品，使待测元素形成基态原子。燃烧火焰由不同种类的气体混合物产生，常用乙炔-空气火焰。改变燃气和助燃气的种类及比例可以控制火焰的温度，以获得较好的火焰稳定性和测定灵敏度。

（2）石墨炉原子化器。由电热石墨炉及电源等部件组成。其功能是将供试品溶液干燥、灰化，再经高温原子化使待测元素形成基态原子。一般以石墨作为发热体，炉中通入保护气，以防氧化并能输送试样蒸气。

（3）氢化物发生原子化器。由氢化物发生器和原子吸收池组成，可用于砷、锗、铅、镉、硒、锡、锑等元素的测定。其功能是将待测元素在酸性介质中还原成低沸点、易受热分解的氢化物，再由载气导入由石英管、加热器等组成的原子吸收池，在吸收池中氢化物被加热分解，并形成基态原子。

（4）冷蒸气发生原子化器。由汞蒸气发生器和原子吸收池组成，专门用于汞的测定。其功能是将供试品溶液中的汞离子还原成汞蒸气，再由载气导入石英原子吸收池，进行测定。

在原子吸收分光光度法中，必须注意背景以及其他原因引起的对测定的干扰。仪器某些工作条件（如波长、狭缝、原子化条件等）的变化可影响灵敏度、稳定程度和干扰情况。在火焰法原子吸收测定中可选择适宜的测定谱线和狭缝、改变火焰温度、加入络合剂或释放剂、采用标准加入法等消除干扰；在石墨炉原子吸收测定中可选择适宜的背景校正系统、加入适宜的基体改进剂等消除干扰。具体方法应按各品种项下的规定选用。

3. 荧光分光光度法

荧光分光光度法（fluorescence spectrophotometry，fluorospectrophotometry）是利用物质吸收较短波长的光能后发射较长波长特征光谱的性质，对物质定性或定量分析的方法，可以从发射光谱或激发光谱进行分析。该法灵敏度高（通常比紫外分光光度法高 2～3 个数量级），选择性好。

原子荧光分光光度法（atomic fluorescence spectrophotometry）是通过原子荧光光谱仪（亦称为原子荧光分光光度计）进行的。原子荧光分光光度计由高压汞灯或氙灯发出的紫外光和蓝紫光，经滤光片照射到样品池中，激发样品中的荧光物质发出荧光，荧光经过滤过和反射后，被光电倍增管所接受，然后以图或数字的形式显示出来（图 3）。原子荧光分光光度计可分为单道和多道两类，前者一次只能测量一种物质的荧光强度，后者一次可同时测量多种物质。仪器由下述五部分组成。

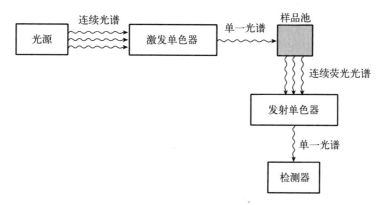

图 3　原子荧光分光光度计基本原理示意图

（1）辐射源。用来激发原子使其产生原子荧光。要求强度高，稳定性好。光源分为连续光源和线光源。连续光源一般采用高压氙灯，功率可高达数百瓦。这种灯测定的灵敏度较低，光谱干扰较大，但是采用一个灯即可激发出各元素的荧光。常用的线光源为脉冲供电的空心阴极灯、无电极放电灯及 20 世纪 70 年代中期提出的可控温度梯度原子光谱灯。采用线光源时，测定某种元素需要配备该元素的光谱灯。可调染料激光也可作为辐射源，但短波部分能量还不够。

（2）单色器。产生高纯单色光的装置，其作用为选出所需要测量的荧光谱线，排除其他光谱线的干扰。单色器由狭缝、色散元件（光栅或棱镜）和若干个反射镜或透镜所组成。使用单色器的仪器称为色散荧光光谱仪，不用单色器的仪器称为非色散荧光光谱仪。

（3）原子化器。将被测元素转化为原子蒸气的装置。可分为火焰原子化器和电热原子化器。火焰原子化器是利用火焰使元素的化合物分解并生成原子蒸气的装置。所用的火焰为空气-乙炔焰、氩氢焰等。电热原子化器是利用电能来产生原子蒸气的装置。电感耦合等离子焰也可作为原子化器，它具有散射干扰少、荧光效率高的特点。

（4）检测器。测量原子荧光强度的装置。常用的检测器为光电倍增管。它可将光能变为电能，荧光信号通过光电转换后被记录下来。

（5）显示装置。显示测量结果的装置。可以是电表、数字表、记录仪、打印机等。

物质荧光的产生是由在通常状况下处于基态的物质分子吸收激发光后变为激发态，这些处于激发态的分子是不稳定的，在返回基态的过程中将一部分的能量又以光的形式放出，从而产生荧光。不同物质由于分子结构的不同，其激发态能级的分布具有各自不同的特征，这种特征反映在荧光上表现为各种物质都有其特征荧光激发和发射光谱；因此，可以用荧光激发和发射光谱的不同来定性地进行物质的鉴定。在溶液中，当荧光物质的浓度较低时，其荧光强度与该物质的浓度通常有良好的正比关系，即 $If = kc$。利用这种关系可以进行荧光物质的定量分析，与紫外可见光分光光度法类似，荧光分析通常也采用标准曲线法进行。

近十几年来，在其他学科迅速发展的影响下，随着激光、微处理机和电子学的新成就等一些新的科学技术的引入，大大推动了荧光分析法在理论方面的进展，促进了诸如同步荧光测定、导数荧光测定、时间分辨荧光测定、相分辨荧光测定、荧光偏振测定、荧光免疫测定、低温荧光测定、固体表面荧光测定、荧光反应速率法、三维荧光光谱技术和荧光光纤化学传感器等荧光分析方面的一些新方法、新技术的发展，并且相应地加速了各式各样新型的荧光分析仪器的问世，使荧光分析法不断朝着高效、痕量、微观和自动化的方向发展，方法的灵敏度、准确度和选择性日益提高，方法的应用范围大大扩展，遍及于工业、农业、医药卫生、环境保护、公安情报和科学研究等各个领域。如今，荧光分析法已经发展成为一种重要且有效的光谱化学分析手段。

4. 红外分光光度分析法

红外分光光度分析法又称红外光谱法，是根据不同物质会选择性地吸收红外光区的电磁辐射来进行结构分析，对各种吸收红外光的化合物进行定量和定性分析的一种方法。物质是由处于不断振动状态的原子构成，这些原子振动频率与红外光的振动频率相当。用红外光照射有机物时，分子吸收红外光会发生振动能级跃迁，不同的化学键或官能团吸收频率不同，每个有机物分子只吸收与其分子振动、转动频率相一致的红外光谱，所得到的吸收光谱通常称为红外吸收光谱（infrared spectroscopy，IR），简称红外光谱。对红外光谱进行分析，可对物质进行定性分析。各个物质的含量也将反映在红外吸收光谱上，可根据峰位置、吸收强度进行定量分析。因此，红外光谱法具有特征性强、测定快速、不破坏试样、试样用量少、操作简便、能分析各种状态的试样、分析灵敏度较高、定量分析误差较大等特点。

红外光谱具有鲜明的特征性，其谱带的数目、位置、形状和强度都随化合物不同而各不相同。因此，红外光谱法是定性鉴定和结构分析的有力工具，可以对已知物、未知物和新化合物结构进行鉴定。

（1）已知物的鉴定。将试样的谱图与标准品测得的谱图相对照，或者与文献上的标准谱图（如《药品红外光谱图集》、Sadtler 标准光谱、Sadtler 商业光谱等）相对照，即可定性。使用文献上的谱图应当注意：试样的物态、结晶形状、溶剂、测定条件以及所用仪器类型均应与标准谱图相同。

（2）未知物的鉴定。未知物如果不是新化合物，标准光谱已有收载的，可有两种方法来查对标准光谱：一是利用标准光谱的谱带索引，寻找标准光谱中与试样光谱吸收带相同的谱图；二是进行光谱解析，判断试样可能的结构，然后由化学分类索引查找标准光谱对照核实。解析光谱之前的准备：了解试样的来源以估计其可能的范围；测定试样的物理常数如熔（沸）点、溶解度、折光率、旋光率等作为定性的旁证；根据元素分析及分子质量的测定，求出分子式；计算化合物的不饱和度，用以估计结构并验证光谱解析结果的合理性。解析光谱的程序一般为：第一，从特征区的最强谱带入手，推测未知物可能含有的基团，判断不可能含有的基团；第二，用指纹区的谱带验证，找出可能含有基团的相关峰，用一组相关峰来确认一个基团的存在；第三，对于简单化合物，确认几个基团之后，便可初步确定分子结构；第四，查对标准光谱核实。

（3）新化合物的结构分析。红外光谱主要提供官能团的结构信息，对于复杂化合物，尤其是新化合物，单靠红外光谱不能解决问题，需要与紫外光谱、质谱和核磁共振等分析手段互相配合，进行综合光谱解析，才能确定分子结构。

5. 核磁共振波谱法

核磁共振（nuclear magnetic resonance，NMR）是处于静磁场中的原子核在另一交变磁场作用下发生的物理现象。磁矩不为零的原子核，在外磁场作用下自旋能级发生分裂，共振吸收一定频率的射频辐射的物理过程。核磁共振波谱学是光谱学的一个分支，其共振频率在射频波段，相应的跃迁是核自旋在核蔡曼能级上的跃迁。人们在发现核磁共振现象之后很快就产生了实际用途，化学家利用分子结构对氢原子周围磁场产生的影响，发展出了核磁共振谱，用于解析分子结构，随着时间的推移，核磁共振谱技术不断发展，从最初的一维氢谱发展到^{13}C谱、二维核磁共振谱等高级谱图，核磁共振技术解析分子结构的能力也越来越强，进入 20 世纪 90 年代以后，人们甚至发展出了依靠核磁共振信息确定蛋白质分子三级结构的技术，使得溶液相蛋白质分子结构的精确测定成为可能。

根据量子力学原理，原子核与电子一样，也具有自旋角动量，其自旋角动量的具体数值由原子核的自旋量子数决定，实验结果显示，不同类型的原子核自旋量子数也不同：质量数和质子数均为偶数的原子核，自旋量子数为 0，即 $I=0$，如^{12}C、^{16}O、^{32}S等，这类原子核没有自旋现象，称为非磁性核。质量数为奇数的原子核，自旋量子数为半整数，如^{1}H、^{19}F、^{13}C等，其自旋量子数不为 0，称为磁性核。质量数为偶数，质子数为奇数的原子核，自旋量子数为整数，这样的核也是磁性核。但迄今为止，只有自旋量子数等于 1/2 的原子核，其核磁共振信号才能够被人们利用，经常为人们所利用的原子核有^{1}H、^{11}B、^{13}C、^{17}O、^{19}F、^{31}P。由于原子核携带电荷，当原子核自旋时，会由自旋产生一个磁矩，这一磁矩的方向与原子核的自旋方向相同，大小与原子核的自旋角动量成正比。将原子核置于外加磁场中，若原子核磁矩与外加磁场方向不同，则原子核磁矩会绕外磁场方向旋转，这一现象类似陀螺在旋转过程中转动轴的摆动，称为进动。进动具有能量也具有一定的频率，原子核进动的频率由外加磁场的强度和原子核本身的性质决定，也就是说，对于某一特定原子，在一定强度的外加磁场中，其原子核自旋进动的频率是固定不变的。原子核发生进动的能量与磁场、原子核磁矩以及磁矩与磁场的夹角相关，根据量子力学原理，原子核磁矩与外加磁场之间的夹角并不是连续分布的，而是由原子核的磁量子数决定的，原子核磁矩的方向只能在这些磁量子数之间跳跃，而不能平滑的变化，这样就形成了一系列的能级。当原子核在外加磁场中接受其他来源的能量输入后，就会发生能级跃迁，也就是原子核磁矩与外加磁场的夹角会发生变化，这种能级跃迁是获取核磁共振信号的基础。为了让原子核自旋的进动发生能级跃迁，需要为原子核提供跃迁所需的能量，这一能量通常是通过外加射频场来提供的。根据物理学原理当外加射频场的频率与原子核自旋进动的频率相同的时候，射频场的能量才能够有效地被原子核吸收，为能级跃迁提供助力。因此某种特定的原子核，在给定的外加磁场中，只吸收某一特定频率射频场提供的能量，这样就形成了一个核磁共振信号。

对于生物分子结构测定来说，核磁共振谱扮演了非常重要的角色，核磁共振谱与紫外光谱、红外光谱和质谱一起被有机化学家们称为"四大名谱"。目前对核磁共振谱的研究主要集中在^{1}H和^{13}C两类原子核的图谱。

对于孤立原子核而言，同一种原子核在同样强度的外磁场中，只对某一特定频率的射频场敏感。但是处于分子结构中的原子核，由于分子中电子云分布等因素的影响，实际感受到的外磁场强度往往会发生一定程度的变化，而且处于分子结构中不同位置的原子核，所感受到的外加磁场的强度也各不相同，这种分子中电子云对外加磁场强度的影响，会导致分子中不同位置原子核对不同频率的射频场敏感，从而导致核磁共振信号的差异，这种差异便是通过核磁共振解析分子结构的基础。原子核附近化学键和电子云的分布状况称为该原子核的化学环境，由于化学环境影响导致的核磁共振信号频率位置的变化称为该原子核的化学位移。

耦合常数是化学位移之外核磁共振谱提供的另一个重要信息，所谓耦合指的是邻近原子核自旋角动量的相互影响，这种原子核自旋角动量的相互作用会改变原子核自旋在外磁场中进动的能级分布状况，造成能级的裂分，进而造成 NMR 谱图中的信号峰形状发生变化，通过解析这些峰形的变化，可以推测出分子结构中各原子之间的连接关系。例如，在氢谱中，d 表示二重峰，dd 表示双二重峰，t 表示三重峰，m 表示多重峰，都是由于耦合作用产生的。

最后，信号强度是核磁共振谱的第三个重要信息，处于相同化学环境的原子核在核磁共振谱中会显示为同一个信号峰，通过解析信号峰的强度可以获知这些原子核的数量，从而为分子结构的解析提供重要信息。表征信号峰强度的是信号峰的曲线下面积积分，这一信息对于 ^{1}H- NMR 谱尤为重要，而对于 ^{13}C- NMR 谱而言，由于峰强度和原子核数量的对应关系并不显著，因而峰强度并不非常重要。

早期的核磁共振谱主要集中于氢谱，这是由于能够产生核磁共振信号的 ^{1}H 在自然界丰度极高，由其产生的核磁共振信号很强，容易检测。随着傅立叶变换技术的发展，核磁共振仪可以在很短的时间内同时发出不同频率的射频场，这样就可以对样品重复扫描，从而将微弱的核磁共振信号从背景噪声中区分出来，这使得人们可以收集 ^{13}C 核磁共振信号。

与用于鉴定分子结构的核磁共振谱技术不同，核磁共振成像技术改变的是外加磁场的强度，而非射频场的频率。核磁共振成像仪在垂直于主磁场方向会提供两个相互垂直的梯度磁场，这样在人体内磁场的分布就会随着空间位置的变化而变化，每一个位置都会有一个强度不同、方向不同的磁场，这样位于人体不同部位的氢原子就会对不同的射频场信号产生反应，通过记录这一反应，并加以计算处理，可以获得水分子在空间中分布的信息，从而获得人体内部结构的图像。

（四）层析技术

层析技术（chromatography technique）又称色谱技术，它是利用被分离混合物中各组分的物理、化学及生物学特性（主要指吸附能力、溶解度、分子大小、分子带电性质及带电量的多少、分子亲和力等）的差异，使它们通过一个由互不相溶的两相（固定相和流动相）组成的体系时，由于它们在此两相之间的分配比例、移动速度不同，从而将它们予以分离。

层析技术是 1903 年由俄国的植物学家 M. Tswett 发明的。他在一支透明的玻璃管内填充固体 $CaCO_3$ 粉末制成一支简单的层析柱，以 $CaCO_3$ 为固定相，石油醚为流动相，用绿色植物叶压成的汁为样品，在室温下进行洗脱，当绿色的液汁随着石油醚流过 $CaCO_3$ 时，不同的色素逐渐被分离，柱内慢慢出现一层一层的色带，最终得到了叶绿素、叶黄素等不同的色素带，他把这个方法定名为色谱法。1941 年，英国生物学家 A. J. P. Martin 和 R. L. M. Synge 用具有亲水能力的硅胶介质填充的层析柱成功地将混合氨基酸溶液中的氨基酸进行了分离，并提出了最初的液-液分配层析的塔板理论，第一次把层析中出现的实验现象上升为理论，他们还提出了具有远见卓识的预言：①流动相可用气体代替液体，与液体相比，气体中物质间的作用力减小了，这对物质分离更有好处；②使用非常细的颗粒状填料并在层析柱两端施加较大的压力差，应能得到最小的理论塔板高（即增加了理论塔板数），这将会大大增强被分离物质的分离效果。前者预见了气相色谱技术的产生，将层析分离技术与微量分析技术有机地结合起来，为挥发性化合物的分离与测定带来了划时代的变革；后者预见了用于微量分析的高效液相色谱（HPLC）技术的产生。该技术诞生于 20 世纪 60 年代末，现在已成为生物化学与分子生物学、化学等学科领域不可缺少的分析、分离与鉴定手段之一。因此，A. J. P. Martin 和 R. L. M. Synge 于 1952 年被授予诺贝尔化学奖。

层析技术的最大特点是分离效果好,它能分离各种性质极相似的物质,并且既可用于少量物质的分析鉴定,又可用于大量物质的分离纯化制备。因此,作为一种重要的分析、分离手段与方法,层析技术被广泛地应用于生物科学、农业科学、中医药科学、石油化工、环境科学等领域的科学研究与工业生产上。

1. 层析技术常用术语

(1) 固定相。固定相是由层析基质组成的,其基质包括固体物质(如吸附剂、凝胶、离子交换剂等)和液体物质(如固定在纤维素或硅胶上的溶液),这些物质能与待分离的化合物发生可逆性的吸附、溶解和交换作用等。

(2) 流动相。在层析过程中,推动固定相上待分离的物质朝着一个方向移动的液体、气体或超临界体等都称为流动相。在柱层析时,流动相又称洗脱剂(液);在纸层析与薄层层析时,流动相又称展层剂。

(3) 交换容量(又称操作容量)。在一定条件下,某种组分与基质(固定相)作用达到平衡时,存在于基质上的饱和容量,称为交换容量。一般以每克(或毫升)基质结合某种成分的量(毫摩尔或毫克)来表示。其数值越大,表明基质对该物质的亲和力越强。

(4) 柱床体积和洗脱体积。柱床体积(V_t)是指层析柱中膨胀后的基质在层析柱中所占有的体积。洗脱体积(V_e)是指将样品中某一组分洗脱下来所需洗脱液的体积,也就是说将样品中某一组分从柱顶部洗脱到底部的洗脱液中该组分浓度达到最大值时所需洗脱液的体积。

(5) 分配系数。分配系数(K)指一种溶质在两种互不相溶的溶剂(一种为固定相,一种为流动相)中溶解达到平衡时,该溶质在两相溶剂中的浓度比值:$K=C_s/C_m$(其中 C_s 指溶质在固定相中的浓度,C_m 指溶质在流动相中的浓度)。

2. 层析技术分类

层析的种类很多,可按不同的方法进行分类。

(1) 按固定相分类。可分为纸层析、薄层层析和柱层析。纸层析是指以滤纸作为基质的层析;薄层层析是指将基质在玻璃或塑料等光滑表面铺成一薄层,在薄层上进行层析;柱层析则是指将基质填装在玻璃管中形成柱形,在柱中进行层析。纸层析和薄层层析主要适用于小分子物质的快速检测分析和少量分离制备等,通常为一次性使用;而柱层析则是常用的层析形式,适用于分离制备等。生物化学中常用的凝胶层析、离子交换层析、亲和层析、高效液相色谱、气相色谱等通常都采用柱层析形式。

(2) 按流动相分类。可分为液相层析和气相层析。液相层析是指流动相为液体的层析,而气相层析则是指流动相为气体的层析。气相层析测定样品时需要气化,大大限制了其在生物化学领域的应用,主要用于氨基酸、核苷酸、糖类、脂肪酸等小分子物质的分析鉴定。而液相层析是生物科学领域最常用的层析形式,适用于生物样品的分析、分离或制备。

(3) 按分离的原理分类。可分为吸附层析、分配层析、离子交换层析、凝胶层析、亲和层析等。

3. 常用层析技术原理及应用

(1) 吸附层析。吸附层析(absorption chromatography)是指待分离混合物随流动相通过由吸附剂组成的固定相时,由于吸附剂对待分离混合物中不同组分的吸附力不同,从而使混合物中各组分得以分离的一种层析方法。

① 吸附层析的基本原理:凡能将液体(或气体)中某些物质浓集于其表面的固体物质,

均称为吸附剂，同一种吸附剂对不同的物质吸附力不同。吸附层析就是一种利用吸附剂对不同物质吸附力的差异而使混合物分离的方法。吸附剂吸附被分离物质的同时，也有部分已被吸附的物质从吸附剂上解吸下来。在一定条件下，这种吸附和解吸之间可建立动态平衡，即吸附平衡。在达到平衡时，在吸附剂表面被吸附物质量的多少，决定于吸附剂对该物质吸附能力的强弱。吸附剂吸附能力的强弱，除决定于吸附剂和被吸附物质本身的性质外，还和周围溶液的成分密切相关。当改变吸附剂周围溶液的成分时，吸附剂的吸附能力即可发生变化，若使被吸附物质从吸附剂上解吸下来，这一过程就称为洗脱或展层。

当样品中的物质被吸附剂吸附后，用适当的洗脱液（流动相）洗脱，就能改变吸附剂的吸附能力，使被吸附的物质解吸下来，随洗脱液向前移动。在这些解吸下来的物质向前移动时，又遇到前面新的吸附剂而再次被吸附，但是在后来的洗脱液的冲洗下又重新解吸下来，继续向前移动。经过这样反复的吸附、解吸、再吸附、再解吸的过程，物质就可以不断地向前移动。由于吸附剂对样品中各组分的吸附能力不同，它们在洗脱剂的冲洗下移动的速度也就不同，因而能将其逐渐地分离开来。

② 吸附层析的应用：吸附层析的应用范围很广，主要有以下 3 个方面：生物大分子物质的分离、纯化及分析；小分子化合物的分离、纯化及分析；稀溶液的浓缩。

（2）分配层析。分配层析（partition chromatography）诞生于 20 世纪 40 年代初，是一种利用混合物中不同组分在一个有两相互不相溶的溶剂系统中的分配系数不同而将混合物加以分离的层析方法。

① 分配层析的基本原理：在分配层析中，通常用多孔性固体支持物如滤纸、硅胶等吸附着一种溶剂作为固定相，另一种与固定相溶剂互不相溶的溶剂沿固定相流动构成流动相，样品在流动相的带动下流经固定相时，会在两相间进行连续的动态分配。样品中分配系数越小的组分，随流动相迁移的速率越快；两个组分的分配系数差别越大，在两相中分配的次数越多，越容易被彻底分离。

纸层析就是一种典型的分配层析。层析滤纸一般能吸收 $22\%\sim25\%$ 的水，其中 $6\%\sim7\%$ 的水是以氢键与滤纸纤维上的羟基结合，一般情况下这种结合水较难脱去。纸层析实际上就是一种用滤纸做支持物，以滤纸纤维的结合水为固定相，以沿滤纸流动的有机溶剂（与水不相混溶或部分混溶）为流动相的层析方法。如果将一定量样品点在滤纸上，当合适的有机溶剂（如由水饱和的正丁醇）在纸上渗透展开时，样品即在水相和有机溶剂相之间反复地进行分配。由于样品中各组分的分配系数不同，各组分随着有机溶剂迁移的速度也不同，分配系数越小的组分在滤纸上迁移的速度越快，这样，样品中不同组分就被完全分离开来，经干燥、显色反应等过程后，可在滤纸上显示出来。显色后，样品中不同组分在滤纸上的位置可用比移值（R_f）来表示，R_f 为从各溶质层析的起点（原点）到层析后各个样品斑点中心的垂直距离与从原点到溶剂移动最前沿的垂直距离之比。

$$R_f = 某斑点中心到原点的垂直距离/展层溶剂前沿到原点的垂直距离$$

在一定的条件下，特定化合物的 R_f 值是一个常数，因此有可能根据化合物的 R_f 值鉴定化合物。但是，由于影响 R_f 值的因素很多，要想得到重复的 R_f 值就必须严格控制层析条件。因此，建议采用相对比移值（R_{st}）。

$$R_{st} = 原点到样品斑点中心的距离/原点到参考物质斑点中心的距离$$

R_{st} 表示相对 R_f 值，这个比值可以消除一些系统误差。参考物质可以是另外加入的一个标准物，也可以将样品混合物中的一个组分作标准参考物。

② 纸层析的应用：纸层析具有系统简单，使用方便，所需样品量少，分辨率一般能达到要求等优点，被广泛用于各种氨基酸、肽类、核苷酸、脂肪酸、糖类物质、维生素及抗生素等化合物的分离，并可以进行定性和定量分析。

（3）离子交换层析。离子交换层析（ion exchange chromatography）是一种利用离子交换剂对混合物中各种离子结合力（或称静电引力）的不同而使混合物中不同组分得以分离的层析方法。自 20 世纪 50 年代离子交换层析进入生物化学领域以来，经过多年的发展和完善，它被广泛地应用于各种生化物质如氨基酸、蛋白质、糖类物质、核苷酸等的分离纯化，已成为化学工业、制药工业和食品工业等领域的重要分离制备技术。

①离子交换层析的基本原理：离子交换剂是由不溶于水的惰性高分子聚合物基质、电荷基团和平衡离子三部分组成。电荷基团与高分子聚合物共价结合，形成一个带电荷的基团；平衡离子是结合于电荷基团上的相反离子，它能与溶液中其他的离子基团发生可逆的交换反应。平衡离子为正电荷的离子交换剂能与带正电荷的离子基团发生交换作用，称为阳离子交换剂；反子则称为阴离子交换剂。离子交换反应可以表示如下：

$$阳离子交换反应：（R-X^-）Y^+ + A^+ \rightarrow （R-X^-）A^+ + Y^+$$
$$阴离子交换反应：（R-X^+）Y^- + A^- \rightarrow （R-X^+）A^- + Y^-$$

其中，字母 R 代表离子交换剂的高分子聚合物基质，常用的有纤维素、葡聚糖、琼脂糖、人工合成树脂等。字母 X^+ 和 X^- 分别代表阳离子交换剂和阴离子交换剂中与高分子聚合物共价结合的电荷基团，Y^+ 和 Y^- 分别代表阳离子交换剂和阴离子交换剂的平衡离子，A^+ 和 A^- 分别代表溶液中的正离子基团和负离子基团。如果 A 离子与离子交换剂的结合力强于 Y 离子，或者提高 A 离子的浓度，或者通过改变其他一些条件，可以使 A 离子将 Y 离子从离子交换剂上置换出来。也就是说，在一定条件下，样品溶液或洗脱液中的某种离子基团可以把平衡离子置换出来，并通过电荷基团结合到固定相上，而平衡离子则进入流动相，这就是离子交换层析的基本置换反应。各种离子与离子交换剂上的电荷基团的结合是由静电力引起的，是一个可逆的过程，离子交换层析就是利用样品中各种离子与离子交换剂结合力的差异，通过改变洗脱液的离子强度、pH 等条件改变各种离子与离子交换剂的结合力，并通过在不同条件下的多次置换反应，从而实现混合物样品中不同离子化合物分离的目的。

当离子交换剂上吸附有几个物质成分时，可用两种方法分别洗脱下来。其一是用 pH 或离子强度不同的几种洗脱液分别洗脱，即在第一种洗脱液洗脱下第一个成分后，换成第二种洗脱液洗脱第二个成分，再换第三种洗脱液洗脱下第三个成分，依次洗脱下所有的成分，这种方法称为分步洗脱法。其二是在洗脱的过程中逐步改变洗脱液的离子强度，从小到大，逐步将各种成分洗脱下来，这种方法称为梯度洗脱法。与前者相比，后者降低了被洗脱成分的"拖尾"现象，提高了分辨率。另外，应用离子交换层析纯化物质时，可以把要纯化的各成分结合于离子交换剂上，然后再分别洗脱下来获得纯品，或者把不需要的成分结合于离子交换剂上，需要的成分直接流出，获得纯品。

②离子交换层析的应用：离子交换层析的应用范围很广，主要有以下几个方面：高纯水的制备、硬水软化及污水处理等；无机离子、核苷酸、氨基酸、抗生素等小分子物质的分离纯化，例如，使用强酸性阳离子聚苯乙烯树脂对氨基酸进行分析（目前已有全自动的氨基酸分析仪）；分离纯化带电性质不同的生物大分子物质。

（4）凝胶层析。凝胶层析（gel chromatography）又称为凝胶过滤（gel filtration）或分子筛层析（molecular sieve chromatography）。

① 凝胶层析的基本原理：凝胶层析是依据被分离混合物中不同组分的分子质量不同而进行分离纯化的。凝胶层析的固定相是惰性的球状多孔性凝胶颗粒，凝胶颗粒的内部具有立体网状结构，形成很多孔穴。当含有不同组分的样品进入凝胶层析柱后，各个组分就向凝胶颗粒的孔穴内扩散，各组分的扩散程度取决于凝胶颗粒孔穴的大小和各组分分子质量的大小。比凝胶颗粒孔穴孔径大的分子不能扩散到凝胶颗粒的孔穴内部，完全被排阻在凝胶颗粒之外，只能在凝胶颗粒之间的空隙随流动相向下流动，它们经历的流程短，流动速度快，所以首先被洗脱出来；而比凝胶颗粒孔穴孔径小的分子则可以完全渗透进入凝胶颗粒内部，经历的流程长，被洗脱出来所需要的时间就长，所以后被洗脱出来；而分子质量大小介于二者之间的分子在洗脱过程中部分渗透，经历的流程也介于二者之间，所以它们被洗脱出来的时间也介于二者之间。由此可见，在凝胶层析过程中，分子质量越大的组分越先被洗脱出来，分子质量越小的组分越后被洗脱出来。这样，样品经过凝胶层析后，各个组分便按分子质量从大到小的顺序依次被洗脱出来，从而达到了分离的目的。上述凝胶层析的基本原理可用图4表示。

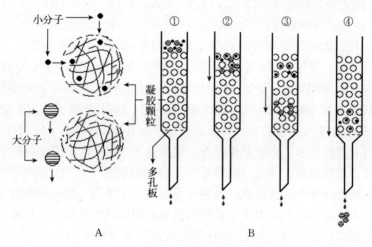

图4　凝胶层析基本原理示意图

A. 大小不同的分子在洗脱时所经过的路径不同

B. 样品上柱后，随着洗脱的进行，大小不同的分子逐渐被分开

（引自周先碗、胡晓倩，2011）

② 凝胶层析的应用：由于具有设备简单、操作方便、样品回收率高、实验重复性好，特别是不改变样品生物学活性等优点，因此，该技术目前被广泛用于蛋白质（包括酶）、核酸、多糖等生物分子的分离纯化，同时还应用于脱盐、去热原物质、样品浓缩、蛋白质分子质量的测定等。

（5）亲和层析。亲和层析（affinity chromatography）是一种根据生物分子和配体（如酶和抑制剂、抗原和抗体、激素和受体等）之间的特异性亲和力，将某种配体连接在载体上作为固定相，从而对能与配体特异性结合的生物分子进行分离的层析技术。20世纪60年代末，溴化氰活化多糖凝胶偶联蛋白质技术的发明，解决了配体固定化问题，使亲和层析技术得到了快速地发展。

① 亲和层析的基本原理：生物分子间（如抗原-抗体、酶-底物或酶-抑制剂、激素-受体等）存在很多特异性的相互作用，它们之间都能够专一而可逆的结合，这种结合力称为亲和力。亲和层析就是将具有亲和力的两类分子中的一类固定在不溶性基质上（如常用的Sepharose-4B 等），利用分子间亲和力的特异性和可逆性，对另一类分子进行分离纯化。被固定在基质上的分子称为配体，配体和基质是共价结合的，构成亲和层析的固定相，称为亲和吸附剂。亲和层析时，首先将亲和吸附剂（可自行制备，也可直接购买）装柱、平衡，当样品溶液通过亲和层析柱时，待分离的生物分子就与配体发生特异性的结合，从而留在固定相上，而其他杂质不能与配体结合，仍在流动相中，并随洗脱液流出，然后再通过合适的洗脱液将待分离的生物分子从配体上洗脱下来，这样就得到了纯化的待分离物质。

② 亲和层析的应用：由于具有分离过程简单、快速、分辨率高等优点，亲和层析技术在抗原、抗体、酶、受体等生物大分子以及病毒、细胞的分离中得到了广泛的应用。另外，该技术也可以用于某些生物大分子结构和功能的研究。

4. 几种常用层析技术的设备和基本操作步骤

（1）柱层析技术。

① 基本装置：

层析柱：层析柱一般为玻璃管制成，其下端为细口，出口处带有玻璃烧结板或尼龙网。柱的直径和长度之比一般为 1:（10～50）。采用极细固定相装柱时，宜采用比例小的层析柱；反之，则宜采用比例大者。层析柱的内壁直径不能小于 1 cm，若直径过小，则会影响分离效果。商品层析柱有不同规格，可满足不同的需要。

恒流装置：在层析过程中，必须保证流动相以恒定的速度流过固定相，因此，流速可调的恒流泵常被用来控制流动相的流速（流动相为有机溶剂时慎用该装置）。

检测装置：较高级的柱层析装置一般都配置检测器（如核酸蛋白检测仪）和记录仪等。

接收装置：洗脱液的接收可以手工操作，不过最好使用自动部分收集器，这种仪器带有上百支试管，可准确定时换管，自动化程度很高。

柱层析的基本装置如图 5 所示。

② 柱层析的基本操作步骤：

基质的预处理：有些层析基质不能直接使用，需进行预处理，预处理的方法因基质而异。例如，凝胶需预先溶胀、浮选等；一些离子交换剂需漂洗、酸碱（0.5～1 mol/L）反复浸泡等，以除去其表面可能吸附的杂质、漂浮物、细小颗粒等并进行活化，然后用去离子水（或蒸馏水）洗涤干净备用；硅胶需进行 110 ℃，1～2 h 干燥活化等。各种基质的预处理方法详见产品介绍。

装柱：柱子的质量好与差，是柱层析法能否成功分离纯化物质的关键步骤之一。柱子的选择是根据层析的基质和分离的目的而定的，一般柱子的直径与长度比为 1:（10～50），凝胶层析柱可以选 1:（100～200），注意一定将柱子洗涤干净，有的需干燥后再装柱。

将层析柱垂直固定好后，关闭出水口，将处理好的层析基质悬浮液迅速倒入柱中，打开出水口，适当控制流速，使基质均匀沉降。随着柱中液面的下降，不断添加层析基质悬浮液，最后使柱中基质表面的高度达到柱高 80%～90% 为止，在基质平面上要留有 2～3 cm 高的洗脱液，此时关闭出水口。应特别注意，柱子装的要均匀，最好一气呵成，不能出现断痕、气泡和裂纹，不能干柱，基质面要平坦，否则要重新装柱。

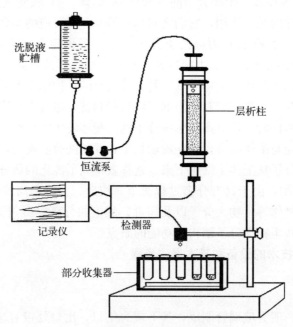

洗脱液
贮槽

层析柱

恒流泵

记录仪   检测器

部分收集器

图 5　柱层析的基本装置示意图
(引自余冰宾，2004)

平衡：柱子装好后，要用所需的缓冲液（洗脱液）平衡柱子。即借助恒流泵使缓冲液在恒定压力、恒定的流速下流过柱子（平衡与洗脱时的流速尽可能保持相同），平衡液体积一般为 3～5 倍柱床体积，以保证平衡后柱床体积稳定及基质充分平衡。是否平衡可以进行检验，如凝胶层析可用蓝色葡聚糖-2000 在恒压下过柱，如色带均匀下降，则说明柱子平衡良好。

加样：加样量的多少直接影响分离的效果。一般讲，加样量尽量少些，分离效果比较好。通常加样量应少于操作容量的 20%（体积分数），体积应低于柱床体积的 5%（体积分数），对于分析性柱层析，一般不超过柱床体积的 1%（体积分数）。当然，最大加样量必须在具体实验条件下经多次试验后才能确定。应注意的是，加样时应缓慢小心地将样品溶液加到基质表面，尽量避免冲击基质，以保持基质表面平坦，详细操作见有关柱层析实验。

洗脱：洗脱的方式可分为简单洗脱、分步洗脱和梯度洗脱三种。

简单洗脱：层析柱始终用同一种溶液洗脱，直到层析分离过程结束为止。如果被分离物质对固定相的亲和力差异不大，其区带的洗脱时间间隔（或洗脱体积间隔）也不长，采用这种方法是适宜的。

分步洗脱：用几种洗脱能力递增的洗脱液进行逐级洗脱。它主要适用于混合物组成简单、各组分性质差异较大或需快速分离的情况。

梯度洗脱：当混合物中组分复杂且性质差异较小时，一般采用梯度洗脱。它的洗脱能力是逐步连续增加的，梯度可以是浓度梯度、极性梯度、离子强度梯度、pH 梯度等。

当对所分离混合物的性质了解较少时，一般先采用线性梯度洗脱的方式去尝试，但梯度的斜率要小一些，尽管洗脱时间较长，但对性质相近的组分分离更为有利。与此同时，也应注意洗脱时的速率。速率太快，各组分在固定相与流动相两相中平衡时间短，相互分不开，仍以混合组分流出；速率太慢，将增大物质的扩散，同样达不到理想的分离效果，要通过多次试验才能摸索出一个合适的流速。总之，必须经过反复的试验与调整，才能得到最佳的洗脱条件。另外还应特别注意在整个洗脱过程中千万不能干柱，否则分离纯化将会前功尽弃。

收集、鉴定及保存：一般是采用自动部分收集器来收集分离纯化的样品。由于检测系统的分辨率有限，洗脱峰不一定能代表一个纯净的组分。因此，每管的收集量不能太多，一般1～5 mL/管，如果分离的物质性质很相近，可降低至0.5 mL/管，这要视具体情况而定。在合并一个峰的各管溶液之前，还要进行鉴定。例如，对于一个蛋白峰的各管溶液，可先用电泳法对各管进行鉴定，对于是单条带的，认为已达电泳纯，就合并在一起，否则就另行处理。对于不同种类的物质要采用不同的相对应的鉴定方法。最后，为了保持所得产品的稳定性与生物活性，一般采用透析除盐、超滤或减压薄膜浓缩，再冷冻干燥得到干粉，在低温下保存备用。

基质（吸附剂、离子交换剂、凝胶等）的再生：许多基质价格昂贵，可以反复使用多次，所以层析后要回收处理，以备再用，严禁乱倒乱扔。各种基质的再生方法可参阅具体层析实验及有关文献。

（2）薄层层析技术。

① 基本装置：薄层层析的装置非常简单，主要由玻璃板、层析缸和一些附件组成。玻璃板用市售的普通玻璃即可，按需要可切割成不同的规格，载玻片也是常用的。层析缸可用专用层析缸，也可用标本缸代替，甚至大口径试管也可用。附件主要有涂布器（或玻璃棒）、喷雾器等。

② 薄层层析基本操作步骤：

薄层的制作：薄层层析所用的玻璃板必须光滑、清洁，一般先用洗液洗后，再用水冲洗干净，晾干备用。制板时，将制好的糊状基质（选用的基质颗粒应小，一般为150～200目，试剂包装上应标有"薄层层析用"字样）倒在玻璃板上，然后涂布为均匀的薄层。涂布方法有以下3种。

玻璃棒涂布法：用一根玻璃棒，在其两端绕几圈胶布（胶布圈数依据欲铺薄层厚度而定），把制好的糊状基质倒在玻璃板的一端，用两端绕有胶布的玻璃棒压在其上将基质均匀地推向玻璃板的另一端，然后，用手指在玻璃板的下面轻轻弹振，从而使玻璃板上的糊状基质形成均匀的薄层。

有机玻璃尺涂布法：在欲涂薄层的玻璃板两侧放两块稍厚一些的玻璃板（玻璃厚度差由欲涂薄层的厚度来定），然后将制好的糊状基质倒在欲涂薄层的玻璃板的一端，用一把有机玻璃直尺的边缘将基质均匀地刮向玻璃板的另一端，然后，再用手指在玻璃板的下面轻轻弹振，从而使玻璃板上的糊状基质形成均匀的薄层。

涂布器涂布法：使用专用的涂布器在欲涂薄层的玻璃板上将制好的糊状基质涂匀，备用。制成的薄层应表面光滑均匀、无水层、无气泡、透光度一致。将制好的薄层在室温下水平放置一段时间，令其自然干燥，即可进行活化（禁用风扇吹或未完全干燥即进行活化，否则薄层会开裂）。目前，常用吸附剂的薄层层析板已有商品供应，从而减少了研究人员自己制板的麻烦。

活化：有的薄层在使用前需活化，硅胶薄层板就是如此。硅胶薄层板活化的过程是将铺好的已自然干燥的硅胶薄层板置于烘箱中，使温度上升到 110 ℃，并保持 1 h，关闭电源，待温度降至室温时，取出立即使用；如当时不用，则应贮存于干燥器中备用，但时间不宜过久。在活化时，要尽量避免突然升温和降温，否则薄层在展层过程中容易脱落。

点样：样品溶液最好制成挥发性的有机溶液（如乙醇、丙酮、氯仿等）。点样时可用内径 0.5～1 mm 管口平整的毛细管或微量吸管吸取样品液，轻轻接触板面。点样量一般为 50 μg 以内，点样体积为 1～20 μL。要分次点样，边点样边用冷、热风交替吹干，样点直径一般不能大于 3 mm，样品点应距薄层板一端约 2 cm。

展层：把点好样的薄层板放入预先饱和的展层容器内，注意不要让薄层板直接接触到展层剂，而让薄层板在展层剂的蒸汽中平衡一段时间，然后再让薄层板的点样端约 0.5 cm 的高度直接接触展层剂，密闭好展层容器，进行展层。展层的方式可分为上行、下行、卧式等（图 6）。

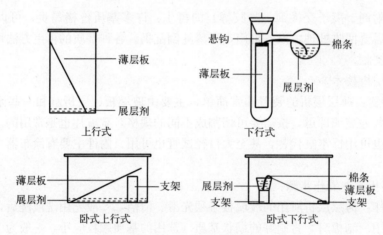

图 6　薄层层析的各种展层方式示意图
（引自王金胜，2001）

当展层剂到达离薄层板另一端 0.5～1 cm 时，停止展层，取出薄层板，立即标记好展层剂的前沿，用热风迅速吹干薄层板（注意：不加黏合剂的薄层要防止被吹散），准备显色。

显色：展层后，如果样品本身有颜色，就可以直接观察到斑点（层析图谱）；对不带有颜色的物质可采用显色剂喷雾或显色剂蒸汽熏蒸等显色法进行显色，不同的物质显色方法不同。另外，如样品在紫外光照射下能发出荧光，则层析后可直接在紫外灯下观察层析图谱；如样品本身在紫外光照射下不显荧光，可采用荧光薄层板检测，即在基质中加入荧光物质或在制好的薄层上喷荧光物质，制成荧光薄层，这样在紫外光下薄层本身显荧光，而样品斑点无荧光，从而可观测到层析图谱。

定性或定量分析：薄层层析是用 R_f 值（R_f＝被分离物质的斑点中心到点样线的垂直距离/展层溶剂前沿到点样线的垂直距离）来表示被分离物质在薄层上的位置，通过与已知标准物质的 R_f 值比较，可进行定性分析。

定量分析时，可将同一样品在薄层板的点样线上点两个样点。展层后，一个显色，一个不显色。根据显色后观测到斑点的位置，确定未显色斑点的位置。将未显色斑点从薄层板上连同基质一起刮下，再用适当溶剂将被分离物质从基质上溶解下来，再测定被分离物质的含量。用目测法比较样品斑点和对照品斑点的颜色深浅和面积大小，也可以进行粗略的定量分析。有条件时，可用薄层扫描仪通过对显色后的薄层板扫描来进行定量分析。

（五）电泳技术

电泳是指在电场的作用下带电颗粒会朝着与其电荷相反的电极移动的现象。这种现象早在 1809 年就已被俄国物理学家 Reŭss 发现，只是在 1937 年瑞典的生物化学家 Tiselius 对电泳仪的研究取得较大进展后，电泳才作为生物化学研究中的一种非常重要的技术而得到较快的发展，目前聚丙烯酰胺凝胶电泳、SDS-聚丙烯酰胺凝胶电泳、双向电泳、等电聚焦电泳等已广泛应用于蛋白质、核酸、酶和病毒等的研究中。

1. 聚丙烯酰胺凝胶电泳（polyacrylamide gelelectrophoresis，PAGE）

聚丙烯酰胺凝胶是由单体丙烯酰胺（acrylamide，Acr）和交联剂 N，N'-亚甲基双丙烯酰胺（N，N'-methylenebisacrylamide，Bis）在催化剂的作用下交联聚合而形成的三维网状结构的凝胶，它含有酰胺基侧链的脂肪族长链，以及相邻长链之间经甲叉键桥连接。凝胶聚合的过程可以通过化学聚合和光聚合两种催化途径，其中化学聚合通过过硫酸铵为催化剂，四甲基乙二胺（N，N，N'，N'-tetramethylethylenediamine，TEMED）为加速剂来完成；光聚合以核黄素为催化剂，日光灯为光源，比较适合催化大孔径凝胶的聚合。目前化学聚合是配置聚丙烯酰胺凝胶最主要的催化途径，在制备胶的反应系统中，过硫酸铵生成氧的自由基后，与单体丙烯酰胺作用使丙烯酰胺"活化"也形成自由基，活化的丙烯酰胺彼此联结而形成多聚体长链，最终经交联剂甲叉双丙烯酰胺作用而形成三维网状的凝胶。通过调节单体丙烯酰胺的浓度或者单体和交联剂的比例可以得到不同孔径大小的凝胶，可用于不同分子质量蛋白质的分离。通常凝胶孔径为样品颗粒容积的一半时，在电场的驱动下力较大，所以分子质量比较小的蛋白可以选择丙烯酰胺浓度高一些的凝胶，反之亦然。

在聚丙烯酰胺凝胶电泳时，为了提高样品分离的分辨率，常常采用不连续凝胶电泳系统，即凝胶孔径大小的不连续、缓冲液组成及 pH 的不连续以及在电场中形成不连续的电位梯度，进而在这个不连续的体系里形成 3 个物理效应来提高凝胶的分辨率：①浓缩效应；②分子筛效应；③电荷效应。浓缩效应是指在不连续电泳系统中，样品在进入分离胶被分离之前被浓缩成一狭窄的区带，这有利于提高电泳的分辨率。样品之所以被浓缩是因为在不连续电泳系统中，浓缩胶和分离胶的浓度不同而且上下层凝胶缓冲液的 pH 也不相同。电极缓冲液为三羟甲基氨基甲烷-甘氨酸（Tris-Gly，pH8.3），浓缩胶和分离胶的缓冲液 pH 分别为 6.8 和 8.8 的 Tris-HCl。电泳时系统中的氯离子全部解离，移动速度最快，称为快离子；甘氨酸的等电点为 5.97，在 pH 为 6.8 的浓缩胶中，只有部分解离，在电场中移动速度较慢，称为慢离子。蛋白分子的解离度正好介于快离子和慢离子之间，而且快离子在电场中快速移动时，其后面形成了一个电导较低的区域，造成电位梯度的不连续，导致蛋白质分子和慢离子移动加快，使蛋白质分子在快离子和慢离子之间移动。另外浓缩胶的孔径较大，对样品分子没有阻滞作用，而分离胶的浓度很高，孔径较小，快离子移动到凝胶界面时速度明显降低，蛋白质分子和慢离子继续以原来的速度向凝胶界面移动，进入分离胶时蛋白分子在快慢离子之间被浓缩为一极窄的区带，使分辨率大大提高，当蛋白分子和快、慢离子一起进入分离胶后，由于分离胶缓冲液 pH 为 8.8，甘氨酸完全解离，也成为快离子，快、慢离子效应消失。分子筛效应是指对于聚丙烯酰胺凝胶其胶浓度越大则所形成的胶的网孔越小，对蛋白质分子有一定的阻滞作用，而且蛋白质分子越大所受到的阻滞作用就越大。电荷效应是指不同蛋白质分子所带电荷的种类和数量不同，电泳时从负极向正极的移动速度也不一样，因此可以通过电泳把不同的蛋白质样品分开。由于这 3 种物理效应，聚丙烯酰胺凝胶电泳的分辨率大大提高，少量的蛋白质样品（1～100 μg）也能分离得很好，例如，血清蛋白质可以获得二十多个区带。

2. SDS-聚丙烯酰胺凝胶电泳

聚丙烯酰胺凝胶电泳是一种非变性的凝胶电泳，蛋白质在凝胶上的迁移率不仅和蛋白质的分子质量大小有关系，而且还和蛋白质的形状以及所带的电荷有关。而十二烷基硫酸钠-聚丙烯酰胺凝胶电泳（sodium dodecyl sulphate-polyacrylamide gel electrophoresis，SDS-PAGE），简称 SDS-聚丙烯酰胺凝胶电泳，是在聚丙烯酰胺凝胶系统中加入 SDS，成为一种变性的聚丙烯酰胺凝胶电泳，这时蛋白质在凝胶中的迁移率只与蛋白质的分子质量大小有关系。SDS 为十二烷基硫酸钠，是一种阴离子型去污剂，1967 年由 Shapiro 等发现，在强还原剂（如巯基乙醇、二硫苏糖醇等）存在下，SDS 能按照一定比例与蛋白质结合，形成 SDS-蛋白质复合物。由于 SDS 带有负电荷，蛋白质结合大量的 SDS 后就会掩盖不同蛋白质分子所固有的电荷差异，所以电泳时蛋白质分子在凝胶上的迁移率只与蛋白质分子大小有关系，并且在一定的分子质量范围内，蛋白质的迁移率和分子质量的对数呈线性关系。由此可见，SDS-聚丙烯酰胺凝胶电泳不仅可以分离蛋白质，而且可以根据迁移率的大小测定蛋白质亚基的分子质量。蛋白质样品与 SDS 的结合程度是 SDS-聚丙烯酰胺凝胶电泳成功的关键，影响它们的结合的因素包括：溶液中 SDS 单体的浓度；样品缓冲液的离子强度；蛋白质样品二硫键被还原的程度。

3. 等电聚焦（isoelectric focusing，IEF）

蛋白质分子具有不同的氨基酸组成以及不同的排列顺序，在不同的 pH 时，往往带有不同性质和不同数量的电荷，因此不同种蛋白质分子因所带电荷的差别在电场中的泳动呈现很大不同。等电聚焦是 20 世纪 60 年代建立起来的实验技术，主要用来分离分析蛋白质和其他两性分子，在操作过程中是利用分析对象的等电点不同，在稳定的、连续的、线性的 pH 梯度中进行蛋白质样品的分离和分析。等电聚焦是在电泳槽中加入载体两性电解质，电泳时从阳极向阴极形成 pH 逐渐增加的梯度。蛋白质分子移动并在等电点时停留下来，聚集在一个狭长的区域，电泳时间越长，蛋白质聚焦的区带就越集中，分辨率也越高，因此等电聚焦可以依据等电点的不同将蛋白质分子彼此分开，同时也可以测定蛋白质的等电点，对蛋白质加以鉴定。用作等电聚焦的两性电解质分子质量要小，可溶性要好，不与被分离的物质发生反应，紫外吸收低，无毒、无生物学效应，并且在等电点处有较高的缓冲能力和电导性均匀。等电聚焦分辨率和灵敏度非常高（0.01 pH 单位），重复性好，但要求在无盐的溶液中操作，因为盐离子会破坏 pH 梯度，还会产生高电流而导致烧胶。蛋白质在无盐的溶液中有时可能会发生沉淀，为了提高疏水蛋白质的水溶解性，常常添加尿素、无机离子去污剂或两性离子去污剂。另外等电聚焦也不适用于在等电点不溶或者发生沉淀的蛋白质。

4. 双向电泳（two dimensional electrophoresis）

双向电泳技术在蛋白质组学中是除了质谱技术之外的另外一项核心技术，在比较不同组织类型、不同生理状态的蛋白的分离鉴定方面起了很重要的作用。双向电泳广义的定义是由两个单向的 PAGE 组合而成，将样品进行第一向电泳结束之后，根据不同的目的可以在与其垂直的方向进行第二向电泳。为了达到更好的分离效果，往往使组合的两个方向的电泳在分离原理上差别比较大，特别是结合基于两种不同物化参数的电泳程序，就能使电泳的分辨率提高几个数量级。但是目前双向电泳大都是指第一向为根据蛋白质的等电点不同进行的等电聚焦电泳（IEF），第二向为按照蛋白质的分子质量大小不同进行的变性聚丙烯酰胺凝胶电泳（SDS-PAGE），这样的分离是完全基于蛋白质的两个独立的物化参数——电荷和分子大小，所以这种类型的双向电泳是所有电泳技术中分辨率最高，得到信息最多的技术。操作时第一向进行等电聚焦电泳，传统的方法是采用载体两性电解质，电泳时在胶内建立 pH 梯度，但所形成的 pH 梯度不够稳定，重复性差。目前常采用商品化的固相 pH 梯度（immobilized pH gradient，IPG）胶条，把载体两性电解质共价偶联到凝胶上，得到固相 pH 梯度，具有很高的重复性。电泳结束后将其横卧在第二向垂直板凝胶上部，进行变性聚丙烯酰胺凝胶电泳，最终经染色得到的电泳图是一个二维分布的电泳图。随着技术的飞速发展，例如，差异凝胶电泳的发展，即应用两种不同的荧光染料标记样品，双向电泳之后可在纳克级上进行检测，并且可检测分离 10 000 个左右蛋白质组分。

二、实验数据的记录与处理

实验是在理论指导下的科学实践，目的在于经过实践掌握科学观察的基本方法和技能，培养实验者科学的思维方式、分析判断和解决实际问题的能力，也是培养探求真知、培养严谨的科学态度、尊重科学事实和真理的重要环节。

在实验过程中观察到的现象，得出的试验结果和数据，应及时地记录在记录本上。原始数据的记录必须准确、简练、详尽、清楚。记录时要客观，尤其对于定性实验；在定量实验中获得的数据，如称量物的重量、光密度值等，应设计一定的表格，依据仪器的精确度记录有效数字。

完整的实验记录包括实验日期、实验题目、操作过程中的数据以及最终的实验结果。

三、实验报告的书写规范

实验结束后，应及时整理实验记录和总结实验结果，按照下列顺序写出实验报告。

试验者姓名、班级、学号等个人信息，同组者及实验日期。

实验名称。

实验目的：最好采用简洁的方式。

实验原理：最好采用简洁的方式。

操作步骤：按照实际操作，详细的书写。

实验原始记录：实事求是，全面并准确。

结果与分析。

讨论：对实验方法、实验结果和异常现象进行探讨和评论，以及对于实验设计的认识、体会和建议。

思考题解答。

实 验 部 分

糖　　类

实验1　血液中葡萄糖含量的测定——Folin-Wu 法

一、实验目的

1. 了解 Folin-Wu 法测定血糖含量的原理。
2. 学习无蛋白血滤液的制备过程。
3. 学习分光光度计的使用方法。

二、实验原理

葡萄糖的半缩醛羟基具有还原性，在加热条件下可使碱性铜试剂中的 Cu^{2+} 还原为红黄色的氧化亚铜沉淀，而其本身被氧化为羧基。氧化亚铜可使磷钼酸还原成蓝色的钼蓝，蓝色的深度与葡萄糖的浓度成正比，故可用比色法通过测定钼蓝的吸光度来确定葡萄糖的浓度。

$$3Cu_2O + 2MoO_3 \longrightarrow 6CuO + Mo_2O_3$$

（氧化亚铜）　　　　　　　（钼蓝）

血糖即血液中存在的葡萄糖。由于血液中成分复杂，尤其有许多种蛋白质存在，它们对血糖的测定会产生干扰。因此，目前常用钨酸法处理抗凝血来制备无蛋白血滤液，而后测定无蛋白血滤液中的葡萄糖含量。

$$Na_2WO_4 + H_2SO_4 \longrightarrow H_2WO_4 + Na_2SO_4$$

（钨酸钠）　　　　　　（钨酸）

在测定过程中，由于空气中的氧对 Cu_2O 会产生再氧化作用从而影响测定结果，因此，实验中要采用特制的 Folin-Wu 血糖管（图 7）有一细颈，可以尽量减少样品与空气的接触。

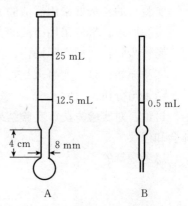

图 7　血糖管和奥氏吸量管
A. Folin-Wu 血糖管　B. 奥氏吸管

三、实验仪器、试剂和材料

1. 仪器

①剪刀。②烧杯。③试管与试管架。④玻璃棒。⑤血糖管。⑥奥氏吸管（图7）。⑦小漏斗。⑧752型分光光度计。⑨水浴锅。⑩移液管与洗耳球。⑪电炉。⑫天平。⑬容量瓶。

2. 试剂

①草酸钾。②0.25%苯甲酸溶液。③10%钨酸钠溶液：称取 10 g 钨酸钠，用双蒸水溶解后定容至 100 mL。④1/3 mol/L 硫酸溶液。⑤标准葡萄糖溶液（0.2 mg/mL）：称取 1.000 g 无水葡萄糖，用苯甲酸水溶液溶解后定容至 1 000 mL，其浓度为 1 mg/mL 可长期保存使用。使用时用蒸馏水稀释，配成 0.2 mg/mL 的葡萄糖溶液。⑥碱性铜试剂：分别称取 40 g 无水碳酸钠、7.5 g 酒石酸、4.5 g 硫酸铜结晶，用蒸馏水溶解后混合，定容至 1 000 mL。本试剂于室温下可长期保存使用，若有沉淀产生，应过滤后再使用。⑦磷钼酸试剂：称取 70 g 钼酸、10 g 钨酸钠，量取 10%氢氧化钠溶液 400 mL 及蒸馏水 400 mL，于烧杯中混合加热 20～40 min（以除去可能夹杂于钼酸中的氨），冷却后加入 85%磷酸溶液 250 mL，混匀后定容至 1 000 mL。

3. 材料

鸡血。

四、实验步骤

1. 制备无蛋白血滤液。

（1）采取的鸡血应立即按 2 g/L 比例加入草酸钾（或少量肝素钠），边加边搅拌，制备抗凝血。

（2）取一支 50 mL 三角瓶或烧杯，加入 7.0 mL 蒸馏水。

（3）用吸管量取 1.0 mL 抗凝血，小心擦去管外血液后，于三角瓶底部缓缓放出血液，并吸取瓶内蒸馏水吹洗吸管数次，充分摇匀，使血液完全溶于水中。注意不要使血液黏附于吸管管壁。

（4）加入 1/3 mol/L 硫酸溶液 1.0 mL，边加边摇，摇匀后放置 5 min。

（5）加入 10%钨酸钠溶液 1.0 mL，边加边摇，摇匀后放置 5 min，至血液变暗棕色，振荡时不产生泡沫。

（6）4 000 r/min 离心 5 min，收集上清液备用。所制得的为 1∶10 倍稀释的无蛋白血滤液，即每毫升血滤液相当于含血 0.1 mL。

2. 血糖的测定。

（1）取血糖管 3 支，按下表进行编号后操作。

血糖管编号 试剂	空白管	标准管	测定管
蒸馏水（mL）	2.0	—	—
无蛋白血滤液（mL）	—	—	2.0
标准葡萄糖液（mL）	—	2.0	—

(续)

试剂 ＼ 血糖管编号	空白管	标准管	测定管
碱性铜溶液（mL）	2.0	2.0	2.0
混匀，沸水浴中煮 8 min，勿摇动，取出流水冷却			
磷钼酸试剂（mL）	2.0	2.0	2.0
放置 3～5 min，放出 CO_2 气体			
蒸馏水（mL）	19.0	19.0	19.0
定容至 25 mL 刻度线，混匀			

（2）用分光光度计测定吸光 A_{620}。

五、实验结果

血糖浓度计算方法如下：

$$每\ 100\ mL\ 血液所含葡萄糖的质量（mg）=\frac{测定管\ A_{620}}{标准管\ A_{620}}\times 标准葡萄糖浓度\times 2\times\frac{100}{0.2}$$

六、注意事项

1. 过滤时应于漏斗上盖一表面皿，防止水分蒸发。
2. 所用试管、漏斗均需干燥。

七、思考题

1. 本法中钨酸的作用是什么？
2. 血糖管和奥氏吸管的结构特点对本实验有何作用？

实验 2　直链淀粉和支链淀粉的测定——双波长法

一、实验目的

通过本实验学习掌握双波长法测定谷物中直链淀粉和支链淀粉的含量。

二、实验原理

淀粉一般都是直链淀粉和支链淀粉的混合物。直链淀粉和支链淀粉的含量和比例因植物种类而不同，决定着谷物的出饭率和口味品质，并影响着谷物的贮藏加工。淀粉是葡萄糖的高聚体，为无色无臭的白色粉末，密度 1.499～1.513 kg/m³，有吸湿性，由直链淀粉（淀粉颗粒质）和支链淀粉（淀粉皮质）两部分组成。它们在淀粉中所占的比例随植物的种类而异。直链淀粉是由葡萄糖以 α-1，4-糖苷键结合而成的链状化合物，能被淀粉酶水解为麦芽糖，在淀粉中的含量为 10%～30%，能溶于热水而不成糊状，遇碘显蓝色。支链淀粉中葡萄糖分子之间除以 α-1，4-糖苷键相连外，还有以 α-1，6-糖苷键相连的，所以带有分支，约 20 个葡萄糖单位就有一个分支，只有外围的支链能被淀粉酶水解为麦芽糖，在冷水中不溶，与热水作用则膨胀而成糊状，遇碘呈紫或红紫色。淀粉可以被淀粉酶或酸逐步分解，过程如下：

淀粉——→红糊精——→无色糊精——→麦芽糖——→葡萄糖

（遇碘呈红色）　　　（……不显色）　　　（遇碘不显色）

根据双波长比色原理，如果溶液中某溶质在两个波长下均有吸收，则两个波长的吸收差值与溶质浓度成正比。采用双波长分光光度法分别测定直、支链淀粉在波长 λ_1、λ_2 下的吸光度值 A，根据 ΔA（$\Delta A = A_1\lambda_1 - A_2\lambda_2$）与淀粉浓度呈线性关系，建立回归方程，计算样品的淀粉含量。

直链淀粉与碘生成深蓝色复合物，支链淀粉与碘生成棕红色复合物。如果用两种淀粉的标准溶液分别与碘反应，然后在同一个坐标系里进行扫描（400～960 mm）或作吸收曲线，可以得到图 8 所示结果。

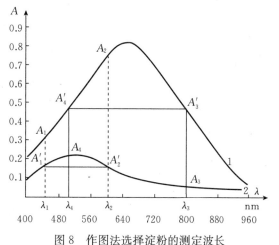

对直链淀粉来说，选择 λ_2 为测定波长（不一定是最大吸收波长），在 λ_2 处作 x 轴垂线，垂线与曲线 1、2 分别相交于 A_2、A'_2。通过 A'_2，作 x 轴平行线，与曲线 2 相交于 A'_1。通过 A'_1 再作 x 轴垂线，垂线与曲线 1 和 x 轴分别相交于 A_1 和 λ_1，λ_1 即为直链淀粉测定的参比波长。$A_2 - A_1 = \Delta A_直$ 与直链淀粉含量成正比，在此条件下，$A'_2 = A'_1$，支链淀粉的存在不会干扰直链淀粉的测定。

图 8　作图法选择淀粉的测定波长
（1 为直链淀粉的吸收曲线，2 为支链淀粉的吸收曲线）

同样，可以通过作图选择支链淀粉的测定波长为 λ_4，参比波长为 λ_3。$A_4 - A_3 = \Delta A_支$ 与支链淀粉含量成正比，在此条件下，$A'_4 = A'_3$，直链淀粉的存在也不会干扰支链淀粉的测定。

对含有直链淀粉和支链淀粉的未知样品，与碘显色后，只要在选定的波长 λ_1、λ_2、λ_3 和 λ_4，处做 4 次比色，利用直链淀粉和支链淀粉标准曲线即可分别求出样品中两类淀粉的含量。

三、实验仪器、试剂和材料

1. 仪器

①电子分析天平。②索氏脂肪抽提器 1 套。③分光光度计 1 台。④pH 计。⑤容量瓶 100 mL×2、50 mL×16。⑥吸管 0.5 mL×1、2 mL×1、5 mL×1。

2. 试剂

①乙醚或石油醚（沸程 30～60 ℃）。②无水乙醇。③0.5 mL/L KOH 溶液。④0.1 mol/L HCl 溶液。⑤碘试剂：称取碘化钾 2.0 g，溶于少量蒸馏水，再加碘 0.2 g，待溶解后用蒸馏水稀释定容至 100 mL。⑥直链淀粉标准液：称取直链淀粉纯品 0.100 0 g，放在 100 mL 容量瓶中，加入 0.5 mol/L KOH 溶液 10 mL，在热水中待溶解后，取出加蒸馏水定容至 100 mL，

即为 1 mg/mL 直链淀粉标准溶液。⑦支链淀粉标准液：用 0.100 0 g 支链淀粉按⑥制备成 1 mg/mL 支链淀粉标准溶液。

3. 材料

供试谷物粉。

四、实验步骤

1. 选择直链和支链淀粉测定波长、参比波长。

直链淀粉：取 1 mg/mL 直链淀粉标准溶液 1 mL，放入 50 mL 容量瓶中，加蒸馏水 30 mL，以 0.1 mol/L HCl 溶液调至 pH 3.5 左右，加入碘试剂 0.5 mL，并以蒸馏水定容。静置 20 min，以蒸馏水为空白，用双光束分光光度计进行可见光全波段扫描或用普通比色法绘出直链淀粉吸收曲线。

支链淀粉：取 1 mg/mL 支链淀粉标准溶液 1 mL，放入 50 mL 容量瓶中，以下操作同直链淀粉。在同一坐标内获得支链淀粉可见光波段吸收曲线。

根据原理部分介绍的方法，确定直链淀粉和支链淀粉的测定波长、参比波长 λ_2、λ_1、λ_4 和 λ_3。

2. 制作双波长直链淀粉标准曲线。吸取 1 mg/mL 直链淀粉标准溶液 0.3、0.5、0.7、0.9、1.1、1.3 mL 分别放入 6 个不同的 50 mL 容量瓶中，加入蒸馏水 30 mL，以 0.1 mol/L HCl 溶液调至 pH 3.5 左右，加入碘试剂 0.5 mL，并用蒸馏水定容。静置 20 min，以蒸馏水为空白，用 1 cm 比色杯在 λ_1、λ_2 两波长下分别测定 A_1、A_2 即得 $\Delta A_直 = A_1 - A_2$，以 $\Delta A_直$ 为纵坐标，直链淀粉含量（mg）为横坐标，作双波长直链淀粉标准曲线。

3. 制作双波长支链淀粉标准曲线。吸取 1 mg/mL 支链淀粉标准溶液 2.0、2.5、3.0、3.5、4.0、4.5 mL 分别放入 6 个不同的 50 mL 容量瓶中。以下操作同直链淀粉。以蒸馏水为空白，用 1 cm 比色杯在 λ_3、λ_4 两波长下分别测定其 A_3、A_4 即得 $\Delta A_支 = A_4 - A_3$。以 $\Delta A_支$ 为纵坐标，支链淀粉含量（mg）为横坐标，作双波长支链淀粉标准曲线。

4. 样品中直链淀粉、支链淀粉及总淀粉含量的测定。样品粉碎过 60 目筛，用乙醚脱脂，称取脱脂样品 0.1 g 左右（精确至 1 mg），置于 50 mL 容量瓶中。加 0.5 mol/L KOH 溶液 10 mL，在沸水浴中加热 10 min，取出，以蒸馏水定容至 50 mL，若有泡沫采用乙醇消除，静置。吸取样品液 2.5 mL 两份（即样品测定液和空白液），均加蒸馏水 30 mL，以 0.1 mol/L HCl 溶液调至 pH 3.5 左右，样品中加入碘试剂 0.5 mL，空白液不加碘试剂，然后均定容至 50 mL。静置 20 min，以样品空白液为对照，用 1 cm 比色杯，分别测定 λ_2、λ_1、λ_4 和 λ_3 的吸收值 A_2、A_1、A_4 和 A_3。得到 $\Delta A_直 = A_2 - A_1$，$\Delta A_支 = A_4 - A_3$。分别查两类淀粉的双波长标准曲线，即可计算出脱脂样品中直链淀粉和支链淀粉的含量。二者之和等于总淀粉含量。

五、实验结果

$$直链淀粉含量 = \frac{X_1 \times 50 \times 100}{2.5 \times m \times 1\,000} \times 100\%$$

$$支链淀粉含量 = \frac{X_2 \times 50 \times 100}{2.5 \times m \times 1\,000} \times 100\%$$

式中，X_1为查双波长直链淀粉标准曲线得样品液中直链淀粉含量（mg）；X_2为查双波长支链淀粉标准曲线得样品液中支链淀粉含量（mg）；m为样品质量（g）。

总淀粉含量＝直链淀粉含量＋支链淀粉含量

六、注意事项

因蜡质和非蜡质支链淀粉碘复合物颜色差异较大，在制备双波长支链淀粉曲线时，应根据测定的谷物类型选择不同支链淀粉纯品（蜡质或非蜡质型）。

七、思考题

1. 双波长法测定谷物中直链、支链淀粉的原理是什么？

2. 除了双波长法外，比色法（620 nm）和安培滴定法也能分别测定直链和支链淀粉。了解其原理，比较不同方法的优缺点。

实验3 丙酮酸含量的测定

一、实验目的

通过本实验掌握测定植物组织中丙酮酸含量的原理和方法，增加对代谢的感性认识。

二、实验原理

丙酮酸是一种重要的中间代谢物。植物样品组织液用三氯乙酸除去蛋白质后，其中所含的丙酮酸可与2，4-二硝基苯肼反应，生成丙酮酸-2，4-二硝基苯腙，后者在碱性溶液中呈樱红色，其颜色深度可用分光光度计测量。与同样处理的丙酮酸标准曲线进行比较，即可求得样品中丙酮酸的含量。

三、实验仪器、试剂和材料

1. 仪器

①分光光度计。②离心机（4 000 r/min）。③容量瓶（25 mL）。④研钵。⑤具塞刻度试管（15 mL）。⑥刻度吸管（1 mL，5 mL）。⑦电子天平。

2. 试剂

①1.5 mol/L NaOH溶液。②8％三氯乙酸溶液（当日配制后置冰箱中备用）。③0.1％ 2，4-二硝基苯肼溶液：称取2，4-二硝基苯肼100 mg，溶于2 mol/L HCl溶液中，定容至100 mL后盛入棕色试剂瓶，置于冰箱内保存。④丙酮酸标准液（60 μg/mL）：精确称取7.5 mg丙酮酸钠，用8％三氯乙酸溶液溶解并定容至100 mL保存于冰箱内。

3. 材料

大葱、洋葱或大蒜的鳞茎。

四、实验步骤

1. 丙酮酸标准曲线的制作。取6支试管，按下表加入试剂：

管号 试剂	1	2	3	4	5	6
丙酮酸标准液（mL）	0	0.2	0.4	0.6	0.8	1.0
8%三氯乙酸（mL）	3.0	2.8	2.6	2.4	2.2	2.0
丙酮酸含量（μg）	0	12	24	36	48	60

在上述各管中分别加入 1.0 mL 0.1% 的 2，4－二硝基苯肼溶液，摇匀，再加入 5 mL 1.5 mol/L NaOH 溶液，摇匀显色，在 520 nm 波长下比色，作出标准曲线。

2. 植物材料提取液的制备。称取 1 g 植物材料（大葱、洋葱或大蒜）于研钵体内，加适量 8%三氯乙酸溶液，仔细研磨成匀浆，再用 8%三氯乙酸洗入 25 mL 容量瓶，定容至刻度。塞紧瓶塞，振摇提取，静置 30 min。取约 10 mL 匀浆液离心（4 000 r/min）10 min，上清液备用。

3. 组织液中丙酮酸含量的测定。取 1.0 mL 上清液于一刻度试管中，加 2 mL 8%三氯乙酸溶液，加 1.0 mL 0.1% 2，4－二硝基苯肼溶液，摇匀，再加入 5 mL 1.5 mol/L 的 NaOH 溶液，摇匀显色，在 520 nm 波长下比色，记录吸光度，在标准曲线上查得测定管（7 号）的丙酮酸含量。

五、实验结果

$$样品中丙酮酸含量（mg/g）= \frac{m \times 稀释倍数}{样品重（g） \times 1\,000}$$

式中，m 为在标准曲线上查得的丙酮酸的质量（μg）。

六、注意事项

1. 所加试剂的顺序不可颠倒，先加丙酮酸标准液或待测液，再加 8%三氯乙酸溶液，最后加 1.5 mol/L NaOH 溶液。

2. 反应 10 min 后再比色。

七、思考题

测定丙酮酸含量的原理是什么？

实验 4 还原糖和总糖的测定

一、实验目的

1. 掌握还原糖和总糖定量测定的基本原理。
2. 学习 3，5－二硝基水杨酸定糖法的基本操作。
3. 熟悉分光光度计的使用方法。

二、实验原理

生物组织中普遍存在的可溶性糖种类较多，常见的有葡萄糖、果糖、麦芽糖和蔗糖，前

3 种糖的分子内都含有游离的具有还原性的半缩醛羟基，因此称为还原性糖；蔗糖的分子内没有游离的半缩醛羟基，因此称为非还原性糖，不具有还原性。利用溶解性质不同，可将生物样品中的单糖、双糖和多糖分别提取出来，再用酸水解法使没有还原性的双糖和多糖彻底水解成有还原性的单糖。

在碱性条件下，还原糖与 3，5 -二硝基水杨酸共热，3，5 -二硝基水杨酸被还原为 3 -氨基- 5 -硝基水杨酸（棕红色物质），还原糖则被氧化成糖酸及其他产物。在一定范围内，还原糖的量与棕红色物质的颜色深浅成比例关系，在 520 nm 波长下测定棕红色物质的吸光度，通过标准曲线，便可分别求出样品中还原糖和总糖的含量。多糖水解时，在单糖残基上加了一分子水，因而在计算中须扣除已加入的水量，测定所得的总糖量乘以 0.9 即为实际的总糖量。

三、实验仪器、试剂和材料

1. 仪器

①刻度试管或比色管。②刻度吸管。③大离心管或玻璃漏斗。④恒温水浴锅。⑤烧杯。⑥离心机。⑦容量瓶。⑧电子天平。⑨分光光度计。⑩三角瓶。

2. 试剂

① 1 mg/mL 葡萄糖标准液：准确称取 100 mg 分析纯葡萄糖（预先在 80 ℃烘至恒重），置于小烧杯中，用少量蒸馏水溶解后，定量转移到 100 mL 的容量瓶中，以蒸馏水定容至刻度，摇匀，冰箱中保存备用。② 3，5 -二硝基水杨酸试剂：将 6.3 g 3，5 -二硝基水杨酸和 262 mL 2 mol/L NaOH 溶液，加到 500 mL 含有 185 g 酒石酸钾钠的热水溶液中，再加 5 g 结晶酚和 5 g 亚硫酸钠，搅拌溶解。冷却后加蒸馏水定容至 1 000 mL，贮于棕色瓶中备用。③碘-碘化钾溶液：称取 5 g 碘和 10 g 碘化钾，溶于 100 mL 蒸馏水中。④酚酞指示剂：称取 0.1 g 酚酞，溶于 250 mL 70％乙醇中。⑤ 6 mol/L HCl 溶液。⑥ 6 mol/L NaOH 溶液。

3. 材料

水果、蔬菜、植物干样品、面粉等。

四、实验步骤

1. 葡萄糖标准曲线的制作。取 7 支 25 mL 具塞比色管，编号，按下表加入试剂：

试剂 \ 管号	0	1	2	3	4	5	6
葡萄糖标准液（mL）	0	0.2	0.4	0.6	0.8	1.0	1.2
蒸馏水（mL）	2.0	1.8	1.6	1.4	1.2	1.0	0.8
3，5 -二硝基水杨酸试剂（mL）	1.5	1.5	1.5	1.5	1.5	1.5	1.5

将各管摇匀，在沸水浴中加热 5 min，取出后用自来水冷却至室温，加蒸馏水定容至 25 mL，混匀。在 520 nm 波长下，用 0 号管作对照，分别测定 1～6 号管的吸光度，绘制标准曲线。

2. 样品中还原糖和总糖的提取。

（1）还原糖水提取法。新鲜植物样品洗净擦干，切成小块，用组织捣碎机捣成匀浆，准确称取 10～20 g 匀浆，用蒸馏水洗入 250 mL 容量瓶中。若样品呈酸性，则用稀碱调至中性。如系磨细的风干样品，可准确称取 1.00 g，放在 100 mL 烧杯中，先以少量水调成糊状，然后加 50～60 mL 蒸馏水，中和酸性操作同上。在 80 ℃水浴中保温 20 min，使还原糖浸出。保温后冷却至室温，容量瓶中定容至 100 mL，摇匀后过滤，滤液作为还原糖待测液。

（2）还原糖乙醇提取法。对含有大量淀粉和糊精的样品，用水提取会使部分淀粉、糊精溶出影响测定，同时过滤也困难，为此，宜采用乙醇溶液提取。将研磨成糊状的样品用 100 mL 80%乙醇洗入蒸馏瓶中，装上回流冷凝管，接通冷凝水。在 80 ℃水浴上保温提取 3 次，第一次 30 min，后 2 次 15 min。3 次提取的上清液一并倒入另一蒸馏瓶，在 85 ℃水浴上蒸去乙醇。也可在 40～45 ℃水浴上进行减压蒸馏，直至乙醇提取液只剩 3～5 mL，用水洗入 250 mL 容量瓶中，定容至刻度，摇匀，作为还原糖待测液。

用乙醇溶液作为提取剂时，不必去除蛋白质，因为蛋白质不会溶解出来。

（3）总糖的水解和提取。准确称取 10 g 新鲜植物样品（或 2 g 面粉），置 100 mL 的三角瓶中，加入 10 mL 6 mol/L HCl 溶液及 15 mL 蒸馏水。置于沸水浴中加热水解 30 min。取 1～2 滴水解液于白瓷板上，加 1 滴碘-碘化钾溶液，检查水解是否完全。如已水解完全，则不显蓝色。待三角瓶中的水解液冷却后，加入 1 滴酚酞指示剂，以 6 mol/L NaOH 溶液中和至微红色，将溶液全部收集在 100 mL 的容量瓶中，用蒸馏水定容至刻度，混匀后过滤。精确吸取 10 mL 滤液，移入另一 100 mL 的容量瓶中，定容至刻度，混匀后作为总糖待测液。

3. 还原糖和总糖的测定。取 4 支 25 mL 具塞比色管，编号，按下表加入试剂：

试　　剂	还原糖测定管号		总糖测定管号	
	1	2	1	2
还原糖待测液（mL）	2.0	2.0	0	0
总糖待测液（mL）	0	0	2.0	2.0
3,5-二硝基水杨酸试剂（mL）	1.5	1.5	1.5	1.5

加入试剂后，其余操作与制作葡萄糖标准曲线时相同。以制作标准曲线的 0 号管为对照，测定各管吸光度。

五、实验结果

在标准曲线上分别查出相应的还原糖和总糖的浓度，按下式计算出样品中还原糖和总糖的含量。

$$还原糖含量 = \frac{查曲线所得还原糖含量（mg）\times \frac{提取液总量}{测定时取用量}}{样品重（g）\times 1\,000}\times 100\%$$

$$总糖含量 = \frac{查曲线所得总糖含量（mg）\times \frac{提取液总量\times 稀释倍数}{测定时取用量}\times 0.9}{样品重（g）\times 1\,000}\times 100\%$$

六、注意事项

1. 取样量和稀释倍数的确定要考虑本方法的检测范围，待测液的含糖量要在标准曲线范围内。

2. 标准曲线的制作与样品的测定要在相同条件下进行，最好是同时进行显色和比色。

七、思考题

1. 还原糖的提取有几种方法？试讨论其优缺点。
2. 为什么说总糖的测定通常是以还原糖的测定方法为基础的？

实验 5　可溶性糖的硅胶 G 薄层层析

一、实验目的

1. 学习提取植物材料中可溶性糖的一般方法。
2. 掌握硅胶 G 薄层层析的原理、基本技术及其在可溶性糖分离鉴定中的应用。

二、实验原理

薄层层析是在吸附色谱基础上发展起来的一种快速、微量、操作简便的层析法。硅胶是薄层层析中应用最广的吸附剂。由于硅胶薄层的机械性能差，一般必须加入 10％～15％的煅石膏作为黏合剂，称为硅胶 G。展层剂凭借毛细管效应在薄层中移动。点在薄层上的样品随展层剂的移动而不同程度地移动。因为被分离物质的极性有差异，因而与吸附剂和展层剂的亲和力有差别，结果在薄层上的比移值 R_f 不同。R_f 值是用来表示物质被分离后位置的数值，即物质的迁移率。它是被测物质的移动距离与溶剂移动距离之比。对于某一物质，在一定的溶剂系统和一定的温度下，R_f 值是该物质的特征常数。被分离物质 R_f 值差别愈大分离得愈彻底。可选择适当的展层溶剂，扩大被分离物质的 R_f 值差别，以期达到较理想的分离效果。

植物组织的可溶性糖可用一定浓度的乙醇提取出来，经去杂质除去糖提取液中蛋白质等干扰测糖的杂质，获得较纯的可溶性糖混合液。糖是多羟基化合物，在硅胶 G 薄层上展层时，被硅胶吸附的强弱有差别，其吸附力主要与糖分子中所含羟基数目有关。吸附力大小顺序为：三糖＞二糖＞己糖＞戊糖。展层后，喷显色剂显色，不同的糖呈现不同的颜色，吸附力愈大的糖 R_f 值愈小，与已知标准糖的颜色和 R_f 值比较，即可鉴别样品提取液和标准糖溶液，显色后再用薄层扫描仪扫描，则可对样品的各种糖进行定量分析。

一般应用同一吸附剂和同一溶剂系统展开时，其 R_f 值相对恒定。但是被测物质 R_f 值还与所用的操作方法、吸附剂的性质、薄层的厚度、溶剂的质量、滴加样品的数量，以及层析缸中蒸汽的饱和度等条件有关。为了避免上述因素的影响，一般都使用已知样品与被测样品在同一薄层上，在相同条件下层析，对照所得的 R_f 值而进行定性鉴定。

三、实验仪器、试剂和材料

1. 仪器

①离心机及大离心管。②涂布器。③天平。④烘箱。⑤研钵。⑥微量点样器或毛细管。⑦层析缸。⑧吹风机、喷雾器。⑨电热水浴。⑩蒸发皿、量筒（50 mL）、刻度吸管、玻璃板（15 cm×7 cm）。

2. 试剂

①硅胶 G。②2％乳糖溶液。③2％葡萄糖溶液。④2％乳糖、2％葡萄糖等体积的混合液。⑤展开剂：乙酸乙酯-甲醇-冰醋酸-水（12∶3∶3∶2）。⑥α萘酚-硫酸试剂（Molish 试剂）：15％ α萘酚-乙醇溶液 21 mL，加浓硫酸 13 mL，再加乙醇 81 mL 及水 8 mL 混匀置棕色瓶中，要新鲜配制。⑦0.5％羧甲基纤维素钠（CMC）溶液。

3. 材料

苹果或其他植物材料。

四、实验步骤

1. 硅胶 G 薄板的制备。称取硅胶 G 1 g 于烧杯中，加 3 mL 0.5％羧甲基纤维素钠（CMC）溶液，用玻璃棒调成均匀糊状，铺于载玻片上。晃动载玻片，使之均匀分布。置室温 20 min 凝固后，置 110 ℃ 干燥箱烘 30 min 备用。也可在室温下自然干燥 24 h，用前放入 110 ℃ 烘箱中活化 30 min。

2. 样品提取液的制备。称取苹果果肉（或其他植物材料）5 g，在研钵中研成匀浆，用 10 mL 95％乙醇继续研磨 5 min，离心（3 000 r/min）10 min，吸取上清液为点样液。

3. 点样。取活化过的硅胶 G 薄板，在距底边 1.5 cm 水平线上确定点样点，用毛细管分别吸取乳糖、葡萄糖，以及二者的混合液各少许，三等分分别点样。点样的直径应小于 3 mm，待样品干燥后展开。每次加样后原点扩散直径不应超过 2～3 mm，用吹风机冷风吹干。点样是薄层层析中的关键步骤，适当的点样量和集中的原点是获得良好色谱的必要条件。点样量太少时，样品中含量少的成分不易检出；点样量过多时，易拖尾或扩散，影响分离效果。糖的硅胶 G 薄层层析点样量一般不宜超过 5 μg。点样完毕使斑点干燥即可展层。

4. 展层。根据样品的极性及其与展层剂的亲和力选择适当的展层剂。慢慢沿缸壁注入展层剂约 0.5 cm 高度（注意展层剂的高度必须在薄板的起点线以下），展层剂其体积比为乙酸乙酯∶甲醇∶冰醋酸∶水为 12∶3∶3∶2。将薄板 60°倾斜放置于层析缸中，密闭层析缸，让其展开。将薄板点有样品的一端浸入展层剂，注意切勿使样品原点浸入溶剂，盖好层析缸盖，上行展层。当溶剂的前沿升高到距薄层顶端 1～2 cm 时，即可停止展层，取出薄板放在室内自然干燥或用吹风机吹干。为了消除边缘效应，可在层析缸内壁贴上浸透展层剂的滤纸条，以加速缸内蒸汽的饱和。

5. 显色。显色是鉴定物质的重要步骤。将薄板全部浸于 α萘酚-硫酸试剂中，迅速取出，用电吹风（高温挡）均匀吹至斑点出现为止，各种糖即呈现出不同的颜色。

五、实验结果

小心量出原点至溶剂前沿和各色斑中心点的距离，计算出它们的 R_f 值。根据标准糖的颜色和 R_f 值，鉴定出样品提取液中糖的种类，并绘出层析图谱。

$$R_f = \frac{原点至色斑中心点的距离}{原点至展层剂前沿的距离}$$

六、注意事项

展层剂和显色剂有刺激性气味和一定毒性，因此最好在通风橱中吹干。

七、思考题

1. 硅胶 G 薄层层析实验中引起样品点拖尾的因素有哪些？
2. 当固定相选定后，为使被分离物质达到理想的分离效果，选择展层剂的原则是什么？

实验 6　血液中乳酸的测定

一、实验目的

1. 了解分光光度法测定血液中乳酸的基本原理。
2. 熟练掌握分光光度计的使用方法。

二、实验原理

乳酸是动物体内糖代谢的中间产物，主要来自红细胞和肌肉。在某些病理情况下（如呼吸衰竭或循环障碍时），可引起组织缺氧，由于缺氧可引起体内乳酸升高；另外，体内葡萄糖代谢过程中，如糖酵解速度增加，剧烈运动、脱水时，也可引起体内乳酸升高。体内乳酸升高可引起乳酸中毒，检查血液中乳酸水平，可提示潜在疾病的严重程度。

血液中蛋白质、葡萄糖和其他干扰物质可以使用钨酸、硫酸铜和氢氧化钙处理除去，所得的溶液与浓硫酸共热，使乳酸转变成乙醛，然后在铜离子的存在下与对羟基联苯反应呈紫红色。颜色的深浅与溶液中乳酸的含量在一定范围内符合 Lambert-Beer 定律，可用分光光度法测定乳酸的含量。

由于运动会引起机体乳酸水平的变化，测定乳酸应在安静状态下进行，采血后应立即测定或加入氟化钠抑制乳酸的生成。

三、实验仪器、试剂和材料

1. 仪器

①752 型分光光度计。②水浴锅。③天平。④低速离心机。⑤量筒。⑥移液管与洗耳球。⑦电炉。⑧容量瓶。⑨试剂瓶。⑩试管。

2. 试剂

①钨酸溶液：0.075 mol/L 硫酸溶液与 2.2% 钨酸钠溶液等量混合，当天用当天配。②20% 硫酸铜溶液：称取硫酸铜 20 g，加蒸馏水加热使其溶解，冷却后再用蒸馏水定容至 100 mL。③1% 硫酸铜溶液：取 20% 硫酸铜溶液 10 mL，加蒸馏水稀释至 200 mL。④氢氧化钙粉末。⑤浓硫酸。⑥对羟基联苯溶液：称取对羟基联苯 1.5 g，用 0.5% 氢氧化钠溶液加热溶解，再用 0.5% 氢氧化钠溶液稀释至 100 mL。⑦标准乳酸溶液：A. 贮存标准液（1 mg/mL），准确称取 106.5 mg 无水乳酸锂，溶于 50 mL 蒸馏水中，加 0.5 mol/L 硫酸溶液 20 mL，再加蒸馏水稀释至 100 mL，置冰箱中可长期保存。B. 标准应用液（0.02 mg/mL），准确吸取贮存标准液 20 mL，加蒸馏水稀释至 100 mL，置冰箱中可

保存 1 周。

3. 材料

新鲜全血。

四、实验步骤

取 9 支洁净干燥的试管，标号，其他操作如下：

（1）取 1 支试管，加蒸馏水 0.95 mL，加新鲜全血 0.05 mL，混合后加钨酸溶液 2 mL，充分混匀，静置 5 min，血液变成暗棕色，振荡时不产生泡沫。4 000 r/min 离心 5 min，取上清液 1.5 mL 加入另一试管中标明为测定管。

（2）取 1 支试管，加蒸馏水 0.6 mL，加乳酸标准应用液 0.4 mL，混合后加钨酸溶液 2 mL，混匀后取 1.5 mL 加入另一试管中标明为标准管。

（3）取 1 支试管，加蒸馏水 1 mL，加钨酸溶液 2 mL，混匀后取 1.5 mL 加入另一试管中标明为空白管。

（4）上述 3 支试管各加 20‰硫酸铜溶液 0.2 mL，氢氧化钙粉末 200 mg，用玻璃棒充分搅拌混合，放置 5 min，4 000 r/min 离心 5 min，各取上清液 0.75 mL 加入另外 3 支试管中。

（5）在各试管中加 1‰硫酸铜溶液 2 滴，混合后置冰水浴中冷却。

（6）将预冷的浓硫酸慢慢滴入各管中，随加随摇，每管加入 5.25 mL，置沸水浴中加热 4 min，在冷水中冷却至室温。

（7）在各试管中加对羟基联苯溶液 2 滴，滴加时加在液面上，立即猛力摇匀，放置 30 min，并振荡几次。然后，置沸水浴中加热 90 s，在冷水中冷却至室温后，于 570 nm 处比色。

五、实验结果

血液中乳酸含量计算如下：

$$血液中乳酸含量（mg/mL）=\frac{测定管\ A_{570}}{标准管\ A_{570}}\times0.4\times0.02\times\frac{1.00}{0.05\times100}$$

六、注意事项

1. 实验所用硫酸应预先用乳酸标准液按照测定操作进行试验，如显色能达到要求，则保存作乳酸测定专用试剂；如显色极淡，应另选合适的硫酸。

2. 实验温度超过 35 ℃时对羟基联苯在硫酸中很快消失，因此，在加入此试剂前应将试管充分冷却。对羟基联苯溶液与浓硫酸接触时即产生沉淀，故应滴加在液面上并立即摇匀，使沉淀物分散成小颗粒，在 30 min 静置期间，应不断摇动试管使颗粒渐渐消散。最后加热 90 s，颗粒消失，液体透明。加热时间应在 1～2 min，显色后 1 h 颜色稳定。

七、思考题

1. 为什么动物在有氧状态下还会产生乳酸？
2. 乳酸在动物体内是如何被利用的？

脂 类

实验 7　粗脂肪含量的测定——索氏抽提法

一、实验目的

通过本实验的学习，掌握索氏抽提法测定粗脂肪含量的原理和操作方法。

二、实验原理

脂肪广泛存在于植物的种子和果实中。脂肪的含量，可以作为鉴别其品质优劣的一个指标，也是油料作物选种和种质资源调查的常规测定项目。索氏抽提法（Soxhlet extractor method）是公认的测定脂肪含量的经典方法，也是我国粮油分析首选的标准方法。本实验利用脂类物质溶于有机溶剂的特性。在索氏提取器（图 9）中用有机溶剂（乙醚或石油醚）对样品中的脂类物质进行提取。索氏提取器是由提取瓶、提取管、冷凝器三部分组成的，提取管两侧分别有虹吸管和连接管。提取时，将待测样品包在滤纸包内，放入提取管内。提取瓶内加入有机溶剂，加热提取瓶，有机溶剂气化，由连接管上升进入冷凝器，凝成液体滴入提取管内，浸提样品中的脂类物质。待提取管内有机溶剂液面达到一定高度，溶有粗脂肪的液体经虹吸管流入提取瓶。流入提取瓶内的有机溶剂继续被加热气化、上升、冷凝，滴入提取管内，如此循环往复，直到抽提完全为止。

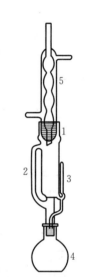

图 9　索氏提取器
1. 提取管　2. 连接管
3. 虹吸管　4. 提取瓶
5. 冷凝器

本实验采用索氏抽提法中的残余法，即用低沸点有机溶剂回流抽提，除去样品中的粗脂肪，以样品与残渣重量之差，计算粗脂肪含量。由于有机溶剂的抽提物中除脂肪外，还含有少量游离脂肪酸、甾醇、磷脂、蜡及色素等类脂，因而抽提法测定的结果是粗脂肪的含量。

三、实验仪器、试剂和材料

1. 仪器

①索氏提取器（50 mL）。②研钵。③培养皿。④烧杯。⑤干燥器。⑥脱脂滤纸。⑦镊子。⑧分析天平。⑨烘箱。⑩恒温水浴等。

2. 试剂

无水乙醚或低沸点石油醚。

3. 材料

油料作物种子（如大豆、花生、蓖麻、向日葵、芝麻）。

四、实验步骤

1. 制作滤纸包。将滤纸切成 8 cm×8 cm，叠成一边不封口的纸包。（105±2）℃烘箱中干燥 2 h，取出放入干燥器中，冷却至室温称重，放入称量瓶中称重（记作 a），称量时室内相对湿度必须低于 70%。

2. 包装和干燥。在上述已称重的滤纸包中装入 3 g 左右研细的油料作物种子样品，封好包口，放入（105±2）℃的烘箱中干燥 3 h，移至干燥器中冷却至室温。放入称量瓶中称重（记作 b）。

3. 抽提。洗净索氏提取瓶，在 105 ℃烘箱内烘干。将无水乙醚加到提取瓶内约占瓶容积的 1/2，将装有样品的滤纸包用长镊子放入提取管中，注入适量的无水乙醚，使样品包完全浸没在乙醚中。连接好提取器各部分，接通冷凝水，在恒温水浴中进行抽提，调节水温为 70～80 ℃，使冷凝下滴的乙醚成连珠状（120～150 滴/min 或回流 7 次/h 以上），抽提至提取管内的乙醚用滤纸点滴检查无油迹为止（需 6～12 h）。抽提完毕后，用长镊子取出滤纸包，在通风橱内使乙醚挥发。提取瓶中的乙醚另行回收。

4. 称重。待乙醚挥发之后，将滤纸包置于（105±2）℃烘箱中干燥 2 h，放入干燥器冷却至恒重为止（记作 c）。

五、实验结果

$$粗脂肪含量 = \frac{b-c}{b-a} \times 100\%$$

式中，a 为称量瓶加滤纸包重（g）；b 为称量瓶加滤纸包和烘干样重（g）；c 为称量瓶加滤纸包和抽提后烘干残渣重（g）。

六、注意事项

1. 测定用样品、提取器和抽提用有机溶剂都需要进行脱水处理。

2. 试样粗细度要适宜。试样粉末过粗，脂肪不易抽提干净；试样粉末过细，则有可能透过滤纸孔隙随回流溶剂流失，影响测定结果。

3. 索氏抽提法测定脂肪含量最大的不足是耗时过长，如能将样品先回流 1～2 次，然后浸泡在溶剂中过夜，次日再继续抽提，则可明显缩短抽提时间。

4. 必须十分注意乙醚的安全使用。抽提室内严禁有明火存在或用明火加热。乙醚中不得含有过氧化物，保持抽提室内良好通风，以防燃爆。乙醚中过氧化物的检查方法是：取适量乙醚，加入碘化钾溶液，用力摇动，放置 1 min，若出现黄色则表明存在过氧化物，应进行处理后方可使用。处理的方法是：将乙醚放入分液漏斗，先以 1/5 乙醚量的稀 KOH 溶液洗涤 2～3 次，以除去乙醇；然后用盐酸酸化，加入 1/5 乙醚量的 $FeSO_4$ 或 Na_2SO_3 溶液，振摇，静置，分层后弃去下层水溶液，以除去过氧化物；最后用水洗至中性，用无水 $CaCl_2$ 或无水 Na_2SO_4 脱水，并进行重蒸馏。

七、思考题

测定过程中为什么需要对样品、提取器和抽提用有机溶剂进行脱水处理？

实验 8　不饱和脂肪酸的反相纸层析

一、实验目的

学习掌握用纸层析法快速定性鉴定植物材料中不饱和脂肪酸的方法。

二、实验原理

在纸层析中，通常是以滤纸吸附的水为固定相，以有机溶剂为流动相。但是脂肪酸等化合物宜在以有机溶剂为固定相和含水溶剂为流动相的层析系统中分离，这样能更好地进行分配，即反相纸层析法。由于不同的脂肪酸在两相中分配系数不同，所以在层析滤纸上移动速率就有差异，这样就使混合脂肪酸各组分被分开。然后用醋酸铜处理，将脂肪酸转化为相应的铜盐，再用红氨酸显色，即可得到蓝灰色点状层析图谱。

三、实验仪器、试剂和材料

1. 仪器

①层析缸。②层析滤纸。③直尺。④铅笔。⑤微量移液器或毛细管等。

2. 试剂

①5％ KOH-CH$_3$OH 溶液：称取 5 g KOH，溶于 100 mL 甲醇。②10％石蜡-石油醚溶液：量取 10 mL 石蜡，用石油醚稀释至 100 mL。③95％乙酸。④醋酸铜溶液：称取 0.3～0.5 g 醋酸铜，溶于 100 mL 蒸馏水。⑤0.03％红氨酸溶液：称取 0.15 g 红氨酸，溶于 500 mL 95％乙醇。⑥1 mol/L HCl 溶液。

3. 材料

油菜种子。

四、实验步骤

1. 准备滤纸。在层析滤纸（12 cm×12 cm）一边约 1.5 cm 处用铅笔轻轻画一条直线，每隔 1.5 cm 点一小点，并编号；将层析滤纸放入石蜡油（10％石蜡-石油醚溶液）中浸透30 s，取出置通风处晾干。

2. 样品制备。取 10 粒成熟的油菜种子于 10 mL 离心管中，加 1 mL KOH - CH$_3$OH 溶液，并将样品用玻璃棒捣碎，酯化 6～8 h（40 ℃）。

3. 点样。在样品提取液中加入 1 mol/L HCl 溶液 1.8 mL 及 1 mL 石油醚，摇匀，约5 min，静置分层，在层析纸各编号处用针刺一小孔（孔不能太大），然后用取样器或毛细管取样品上清液 5～10 μL，按编号顺序滴入孔洞处。

4. 展层。将点好样的层析纸直立放入盛有 95％乙酸溶液的层析缸中（使编号朝下）。乙酸溶液应能浸泡层析纸底部，但液面低于点样处。盖好层析缸盖展层，展层溶剂前沿上升到距纸的最上端后 1～2 cm 处即可停止展层，取出层析纸，冷风吹干或晾干。

5. 显色。将层析纸浸入醋酸铜溶液中 10 min（摇床，37 ℃），使之生成脂肪酸铜盐，用清水稍加冲洗，再放入洁净的瓷盘中，用流水漂洗 30 min 左右。将层析纸小心取出，用滤纸吸干大部分水分后，置于 40 ℃烘箱中干燥。将层析纸在红氨酸溶液中一带而过，红氨酸与脂肪酸铜盐作用呈现出蓝灰色的斑点。

五、结果分析

绘出反相纸层析色谱上 5 种不饱和脂肪酸的位置的示意图。

六、思考题

分离不饱和脂肪酸为何要用反相纸层析法?

实验 9　脂质的提取及薄层层析

一、实验目的

1. 了解薄层层析的原理及操作方法。
2. 掌握从蛋黄中提取脂类物质的方法,了解其脂类物质的组成成分。

二、实验原理

1. 薄层层析原理

薄层层析是吸附层析的一种,是利用被分离混合物中各组分在两相中吸附能力的大小不同而分离的。固定相:玻璃薄板上均匀涂抹的吸附剂薄层,通常使用硅胶 G。流动相:展层剂,通常为有机溶剂。

2. 生物组织中脂类物质的提取

生物组织中含有多种脂质成分,包括三酰甘油、胆固醇、甘油磷脂和鞘磷脂等,脂类物质多与蛋白质合成疏松的复合物,要将脂质提取出来并与蛋白质分离,所用抽提液必须包含亲水性成分和具有形成氢键的能力。氯仿-甲醇混合液,就符合生物组织脂质提取的要求。对抽提也经过多次水洗,弃去含蛋白质的水层,留下溶有脂质的氯仿层,所提取的脂类就可以在铺有硅胶 G 的玻璃板上进行薄层层析。

三、实验仪器、试剂和材料

1. 仪器

①层析缸。②硅胶 G（200 目）。③玻璃板。④研钵。⑤天平。⑥试管。⑦烘箱。⑧干燥器等。

2. 试剂

①氯仿。②甲醇。③乙酸钠。④无水 Na_2SO_4。⑤展层剂［氯仿∶甲醇∶乙酸∶水＝170∶30∶20∶7 (V/V)］。

3. 材料

鸡蛋黄。

四、实验步骤

1. 蛋黄中脂质的提取。称取煮熟蛋黄 2 g 于研钵中,另取 5 倍量的氯仿-甲醇（2∶1, V/V）混合溶液,边研磨,边缓慢加入混合溶液磨细,提取 10 min。然后,经滤纸过滤到刻度试管中,于滤液中加入 1/2 体积的水,振摇后静置,溶剂逐渐分为两层,上层为水层,下层为氯仿层,弃去水层,留下氯仿层,继续水洗三四次,同样弃去水层,再加少量的无水 Na_2SO_4,吸取残留水分,直至溶液透明澄清,此澄清液即可供脂质薄层层析点样用。

2. 层析薄板的制备。称取 3～4 g 的 200 目硅胶 G,加 5～6 mL 0.02 mol/L 乙酸钠,磨

匀，铺板，然后令其自然干燥，再放入烘箱中，在 110 ℃活化 30 min，保存于干燥器中备用。

3. 点样。在烘干活化的硅胶 G 板上，距底部 2 cm 处，用毛细管点上蛋黄提取液点样，直径不要大于 0.3 cm，然后用冷风吹干。

4. 展层。展层缸中装展层剂高约 1 cm，将已点样的硅胶板放入展层缸中，展层至展层液前沿到达薄层顶端约 2 cm 处时，即可取出硅胶板，记下展层剂前沿线，用热风吹干。

5. 显色。把硅胶板立即放入已预先装置有数粒碘片的干净层析缸中，密闭几分钟，经展层分开的脂质成分将分别吸附碘蒸气而显黄色斑点。

五、实验结果

1. 计算各斑点 R_f 值（R_f 值为斑点中心距原点的距离与溶剂展开前沿距原点距离的比值）。

2. 指出各斑点分别应为何种脂质？

实验 10 血清总脂的测定

一、实验目的

掌握香草醛显色法测定血清总脂的方法。

二、实验原理

血清总脂即血清中各种脂类物质的总和，血清中的脂类，尤其是不饱和脂类与硫酸作用，水解后生成碳镓离子（正碳离子）。试剂中的磷酸与香草醛的羟基作用产生芳香族的磷酸酯，并且改变了香草醛分子中的电子分配，使醛基变成反应性增强的羰基。碳镓离子与磷酸香草酯的羰基起反应，生成红色的醌化物，其强度与正碳离子成正比。反应如下：

$$H_2SO_4 + -\overset{H}{\underset{}{C}}=\overset{H}{\underset{}{C}}- \longrightarrow -\overset{H}{\underset{H}{C}}-\overset{H}{\underset{+}{C}}-(R^+)$$

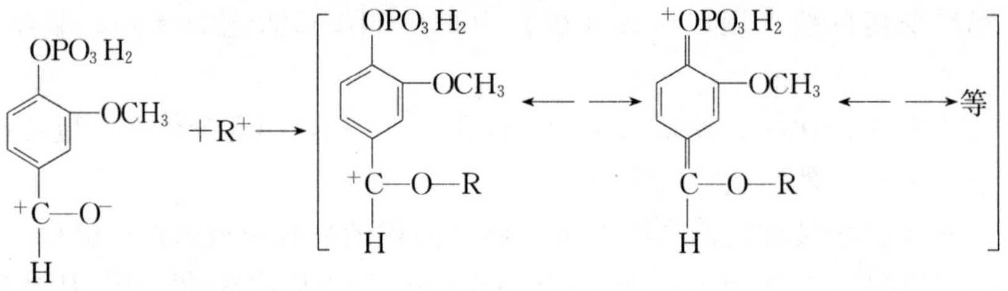

三、实验仪器、试剂和材料

1. 仪器

①试管。②电炉。③刻度吸管。④分光光度计。

2. 试剂

①浓硫酸。②浓磷酸。③显色剂：准确称取 1.2 g 香草醛，然后加水 200 mL，再加入浓磷酸（含量 85%）800 mL，溶解后贮存于棕色瓶内可稳定 2 个月。④总脂标准液（6 mg/mL）：精确称取纯胆固醇 600 mg，溶于冰醋酸中，温水浴溶解并定容至 100 mL。

3. 材料

新鲜血清。

四、实验步骤

1. 取 3 支试管，按下表操作：

试剂 \ 试管	空白管	标准管	测定管
血清（mL）	—	—	0.02
总脂标准液（mL）	—	0.02	—
冰醋酸（mL）	0.02	—	—
浓硫酸（mL）	1	1	1.2
充分混匀，置沸水浴加热 10 min，使脂类水解。取出，冷水冷却			
显色剂（mL）	4.0	4.0	4.0

2. 充分混匀，放置 20 min（或 37 ℃保温 15 min）后，在 525 nm 波长处比色，读取各管吸光度。

五、实验结果

$$血清总脂（mg/mL）= \frac{测定管吸光度}{标准管吸光度 \times 100}$$

六、注意事项

1. 本法显色稳定，在 2 h 内色泽几乎没有什么变化，当血清中的胆红素含量高达

0.2 mg/mL 以及血红蛋白含量，高达 12.40 mg/mL 时，测定结果也不受干扰。

2. 总脂是血清脂类的总和，包括饱和及不饱和脂类。本实验中的呈色反应，不饱和脂类比饱和脂类呈色强。血清中饱和脂类与不饱和脂类的比例约为 3∶7。因此要测定血清的标准总脂含量最好选用称量法。但本实验中采用胆固醇作标准的测定法其结果比较接近实际情况，而且方法简易，所以目前多用此法作为血清总脂的测定。

3. 硫酸使不饱和脂类水解，并同时生成一个碳镓离子，这个反应必须在 100 ℃ 中进行，如温度低，反应便不完全。

七、思考题

1. 血脂的来源是什么？

2. 说明各试剂及其成分在本测定中的作用？

3. 高血脂症有哪些危害？

实验 11　脂肪酸的 β 氧化作用

一、实验目的

了解脂肪酸的 β 氧化作用。

二、实验原理

肝脏组织中含有脂肪酸 β 氧化酶系和合成酮体酶系。在肝脏中，脂肪酸经 β 氧化作用生成乙酰辅酶 A。两分子乙酰辅酶 A 可缩合生成乙酰乙酸。乙酰乙酸可脱羧生成丙酮，也可还原生成 β 羟丁酸。乙酰乙酸、β 羟丁酸和丙酮总称为酮体。

本实验用新鲜肝糜与丁酸保温，生成的丙酮在碱性条件下，与碘生成碘仿。反应式如下：

$$2NaOH + I_2 \longrightarrow NaIO + NaI + H_2O$$

$$CH_3COCH_3 + 3NaIO \longrightarrow CHI_3 + CH_3COONa + 2NaOH$$

剩余的碘，可用标准硫代硫酸钠溶液滴定。

$$NaIO + NaI + 2HCl \longrightarrow I_2 + 2NaCl + H_2O$$

$$I_2 + 2Na_2S_2O_3 \longrightarrow Na_2S_4O_6 + 2NaI$$

根据滴定样品与滴定对照所消耗的硫代硫酸钠溶液体积之差，可以计算由丁酸氧化生成丙酮的量。

三、实验仪器、试剂和材料

1. 仪器

①锥形瓶（50 mL）。②试管及试管架。③移液管。④漏斗。⑤微量滴定管（5 mL）。⑥剪刀及镊子。⑦天平。⑧恒温水浴。

2. 试剂

①0.5% 淀粉溶液 20 mL。②0.9% 氯化钠溶液 200 mL。③0.5 mol/L 丁酸溶液：45 mL

正丁酸用 0.1 mol/L NaOH 溶液调 pH 至 7.6，并稀释至 1 L。④15%三氯乙酸溶液200 mL。⑤10%氢氧化钠溶液 150 mL。⑥10%盐酸溶液 150 mL。⑦0.1 mol/L 碘溶液200 mL：称取 12.7 g 碘和约 25 g 碘化钾溶于蒸馏水中，稀释到 1 000 mL，混匀，用标准 0.1 mol/L 硫代硫酸钠溶液标定。⑧0.1 mol/L 硫代硫酸钠溶液：称取 $Na_2S_2O_3$ 25 g，溶于经煮沸后刚冷却的蒸馏水中（无 CO_2 存在），添加 0.2 g 无水碳酸钠或 3.6 g 硼砂或 0.8 g 氢氧化钠，定容到 1 000 mL，棕色瓶储存，2 周后过滤，标定，备用。⑨1/15 mol/L，pH7.6 磷酸盐缓冲液 200 mL：A 液，1/15 mol/L Na_2HPO_4 缓冲液，$Na_2HPO_4 \cdot 2H_2O$ 11.876 g 溶于蒸馏水并定容至 1 000 mL。B 液，1/15 mol/L NaH_2PO_4 缓冲液，$NaH_2PO_4 \cdot H_2O$ 4.539 g 溶于蒸馏水并定容至 500 mL。吸取 A 液 86.8 mL，B 液 13.2 mL，混匀即得所需磷酸缓冲液。⑩乐氏 (Locke) 溶液：NaCl 0.9 g、KCl 0.042 g、NaH_2PO_4 0.02 g、葡萄糖 0.1 g 共溶于约 50 mL 蒸馏水中，完全溶解后，再加入 $CaCl_2$ 0.043 g，加蒸馏水稀释至 100 mL。

3. 材料

家兔。

四、实验步骤

1. 肝糜制备。将家兔颈部放血处死，取出肝脏。用 0.9%氯化钠溶液洗去污血。用滤纸吸去表面的水分。称取肝组织 5 g 置研钵中。加少量 0.9%氯化钠溶液，研磨成细浆。再加 0.9%氯化钠溶液至总体积为 10 mL。

2. 取 2 个 50 mL 锥形瓶，各加入 3 mL 乐氏溶液、2 mL 1/15 mol/L pH 7.6 的磷酸盐缓冲液。

向一个锥形瓶中加入 2 mL 0.5 mol/L 丁酸溶液；另一个锥形瓶作为对照，不加丁酸。然后各加入 1 mL 肝组织糜。温匀，置于 43℃恒温水浴内保温。

瓶号	试剂	Locke 溶液 (mL)	磷酸缓冲液 (pH 7.6) (mL)	0.5 mL/L 丁酸溶液 (mL)	肝糜 (mL)
1		3	2	2	1
2		3	2	—	1

3. 沉淀蛋白质。保温 1.5 h 后，取出锥形瓶各加入 2 mL 15%三氯乙酸溶液，在对照瓶内追加 2 mL 0.5 mol/L 丁酸溶液，混匀，静置 15 min 后过滤。将滤液分别收集在 2 支试管中。

4. 酮体的测定。吸取两种滤液各 5 mL 分别放入另外两个锥形瓶中，再各加 5 mL 0.1 mol/L 碘溶液和 5 mL 10%氢氧化钠溶液。摇匀后，静置 10 min。加入 5 mL 10%盐酸溶液中和。然后用 0.01 mol/L 硫代硫酸钠溶液滴定剩余的碘。滴至浅黄色时，加入 2 滴淀粉溶液作指示剂。摇匀，并继续滴到蓝色消失。记录滴定样品与对照所用的硫代硫酸钠溶液的体积（mL），并计算样品中丙酮含量。

五、实验结果

由实验原理可知：与等物质的量的碘反应，$Na_2S_2O_3$ 的物质的量（mol）是丙酮物质的量（mol）的 6 倍，因此计算 1 号瓶（样品）中的丙酮生成量（mg）：

$$丙酮生成量（mg）＝（B－A）\times N \times \frac{丙酮酸相对分子质量}{6} \times \frac{10}{5}$$

式中，B 为滴定空白试样所消耗的 $0.1\,mol/L\,Na_2S_2O_3$ 溶液的体积（mL）；A 为滴定样品所消耗的 $0.1\,mol/L\,Na_2S_2O_3$ 溶液的体积（mL）；N 为 $Na_2S_2O_3$ 的浓度（mol/L）。

六、注意事项

肝糜必须新鲜，放置过久则失去氧化脂肪酸的能力。

七、思考题

1. 为什么说做好本实验的关键是制备新鲜的肝糜？
2. 为什么测定碘仿反应中剩余的碘可以计算出样品中丙酮的含量？
3. 实验操作过程中加的淀粉溶液起什么作用？

附：硫代硫酸钠的标定

0.1 mol/L 硫代硫酸钠溶液的标定方法：称取 110 ℃下烘至恒重的基准重铬酸钾 0.2 g，精确到 0.000 2 g 溶于 250 mL 煮沸并冷却的水中，加 2 g 碘化钾及 20 mL 2 mol/L 硫酸，待碘化钾溶解后置于暗处 10 min，定容到 500 mL 后，用 0.1 mol/L 硫代硫酸钠溶液滴定，近终点时（变为黄色）加 3 mL 0.5％淀粉溶液，继续滴定至溶液由蓝色转变为绿色，同时做空白试验。计算公式如下：

$$硫代硫酸钠溶液的浓度（mol/L）＝G/（V\times0.04903）$$

式中，G 为重铬酸钾的质量（g）；0.049 03 为每毫摩尔重铬酸钾的质量（g）；V 为硫代硫酸钠溶液的体积（mL）。

蛋 白 质

实验 12　氨基酸纸层析

一、实验目的

1. 学习纸层析的基本原理，掌握纸层析法的操作技术。
2. 学会氨基酸的显色方法及分离分析技术。

二、实验原理

层析技术是生物化学上分离、鉴定混合物的常用技术。由于被分离的混合物各组分理化性质的差异，导致它们在两相（流动相和固定相）中分配系数的不同，当流动相流过固定相时，各组分以不同的速度移动，从而达到分离。

纸层析法是分配层析的一种，是以滤纸作为支持物进行层析的方法。滤纸纤维上的羟基具有亲水性，可吸附水作为固定相，而展层用的有机溶剂是流动相。通常有机溶剂沿滤纸自下向上移动的称为上行层析；反之，如果有机溶剂自上而下移动，则称为下行层析。展层时将样品点在滤纸一端（此点称为原点），当有机相流经固定相时，物质就会在两相间不断分配而得到分离，形成距原点距离不等的层析点。

溶质在滤纸上的移动速度用 R_f 值表示：

$$R_f 值＝原点到层析斑点中心的距离/原点到溶剂前沿的距离$$

R_f 值与物质的结构、性质、溶剂组成、滤纸的型号和质量以及层析温度等因素有关。在一定条件下，某种物质的 R_f 值是常数。故可根据 R_f 值作定性判断。

不同氨基酸由于在两相中溶解度不同，因此在滤纸上迁移速度不同，故可用此法分离。因氨基酸无色，可用茚三酮来显色。此法还可用于氨基酸的定性、定量测定。

三、实验仪器、试剂和材料

1. 仪器

①层析缸。②层析滤纸（新华1号）。③毛细管。④吹风机。⑤烘箱。⑥喷雾器。⑦直尺和铅笔。⑧橡皮手套。⑨剪刀。⑩培养皿。

2. 试剂

①氨基酸混合液：天冬氨酸、丙氨酸、赖氨酸、脯氨酸、缬氨酸分别配成 $5×10^{-2}$ mol/L 的浓度各 10 mL，并各取 5 mL 混合备用。②展层溶剂：水合正丁醇：醋酸＝4∶1。将4倍体积正丁醇（需重蒸，沸程：116～120 ℃）和1倍体积冰醋酸放入分液漏斗中，与5倍体积水混合，充分振荡，静置后分层，弃去下层水层。③显色剂：0.1%水合茚三酮-正丁醇溶液，0.1 g 茚三酮溶于 100 mL 正丁醇，贮于棕色瓶中备用。

四、实验步骤

1. 戴上橡皮手套，取长约 20 cm、宽约 17 cm 滤纸一张，距滤纸一段 2～3 cm 处，用铅笔画一条线，作为基线，在此直线上每间隔 2 cm 做一记号。

2. 在基线上，用毛细管依次在记号上分别点上天冬氨酸、丙氨酸、赖氨酸、脯氨酸、缬氨酸和混合氨基酸溶液。点样量以每种氨基酸 5～20 μg 为宜。样点直径不能超过 0.5 cm，边点样边用电吹风吹干。

3. 将盛有展层剂的培养皿迅速地置于密封的层析缸中，并将滤纸的点样端朝下直立于盛有展层剂的培养皿中，注意点样点不能浸入展层剂，以免浸脱。当展层剂沿滤纸上升约 15 cm 时，取出后用铅笔描绘出溶剂前沿线，用吹风机热风吹干或放在 60～65 ℃ 干燥箱内烘干。

4. 将滤纸平放在培养皿上，用喷雾器均匀喷上 0.1%水合茚三酮-正丁醇溶液，然后置烘箱中烘烤 5 min（100 ℃）或用热风吹干即可显出各层析斑点。

5. 计算各种氨基酸的 R_f 值。

五、注意事项

1. 整个操作过程中，要避免用手接触层析纸。将层析纸平放在洁净的滤纸上，不可放在实验台上，以防止污染。

2. 点样点的直径不能过大，否则分离效果不好，常会造成"拖尾"现象。

3. 溶剂系统中任一组分与被分离物之间不能起化学反应。

六、思考题

1. 在氨基酸纸层析中根据氨基酸带电情况不同，哪种类型的氨基酸迁移最快?
2. 实验操作过程，为何不能用手接触滤纸?
3. 影响 R_f 值的因素有哪些?

实验 13　蛋白质等电点的测定

一、实验目的

1. 了解蛋白质的两性解离性质。
2. 掌握一种通过沉淀测定蛋白质等电点的方法。

二、实验原理

蛋白质分子是由氨基酸组成的，除了含有自由羧基、氨基外，还有酚基（如 Tyr）、巯基（如 Cys）、胍基（如 Arg）、咪唑基（如 His）等可解离基团。因此，在一定的 pH 条件下就会解离而带电。带电的性质和多少取决于蛋白质分子的性质、溶液 pH 和离子强度。调节溶液的 pH 使蛋白质分子上正负电荷的数目相等，净电荷为零，在电场中，既不向阴极移动，也不向阳极移动，此时溶液的 pH 称为该蛋白质的等电点。当溶液的 pH 大于蛋白质的等电点时，蛋白质成为带负电荷的阴离子；反之，当溶液的 pH 小于蛋白质的等电点时，蛋白质成为带正电荷的阳离子。

在等电点时，因为净电荷为零，不存在静电斥力，大部分蛋白质在等电点的 pH 下，其溶解度最小，溶液的混浊度最大。本实验借观察酪蛋白在连续不同的 pH 溶液中的溶解状态以测定其等电点。用乙酸和酪蛋白溶液中的乙酸钠构成各种不同 pH 的缓冲液，如某种缓冲液中，酪蛋白的溶解度最小时，则该缓冲液的 pH 就是酪蛋白的等电点。

三、实验仪器、试剂和材料

1. 仪器
①试管及试管架。②1.0 mL、2.0 mL、5.0 mL 及 10 mL 移液管。

2. 试剂
①1.0 mol/L 乙酸溶液：量取 5.9 mL 分析纯冰乙酸，加水定容至 100 mL。②0.1 mol/L 乙酸溶液：量取 1.0 mol/L 乙酸溶液 5 mL，加水定容至 50 mL。③0.01 mol/L 乙酸溶液：量取 0.1 mol/L 乙酸溶液 5 mL，加水定容至 50 mL。④0.5% 酪蛋白-乙酸钠（0.1 mol/L）溶液：称取纯酪蛋白 0.25 g，加蒸馏水 20 mL，再准确加入 1.0 mol/L 氢氧化钠溶液 5 mL，摇荡使酪蛋白溶解。然后准确加入 1.0 mol/L 乙酸溶液 5 mL，最后加水稀释定容至 50 mL，充分摇匀。

四、实验步骤

1. 取 9 支粗细相近的干燥试管，编好号后按下表的顺序准确地加入各种试剂：

试剂　试管	蛋白质溶液 (mL)	H₂O (mL)	0.01 mol/L HAc(mL)	0.1 mol/L HAc(mL)	1 mol/L HAc(mL)	pH	观察时间	
							0 min	20 min
1	1	3.38	0.62	—	—	5.9		
2	1	2.75	1.25	—	—	5.6		
3	1	1.5	2.5	—	—	5.3		
4	1	3.5	—	0.5	—	5.0		
5	1	3.0	—	1.0	—	4.7		
6	1	2.0	—	2.0	—	4.4		
7	1	—	—	4.0	—	4.1		
8	1	3.2	—	—	0.8	3.8		
9	1	2.4	—	—	1.6	3.5		

2. 各管加入 0.5%酪蛋白-乙酸钠溶液后，立即混匀。观察其混浊度。静置 20 min 后，再观察其混浊度。沉淀最多而上面溶液又变得最清亮的一管的 pH，就是酪蛋白的等电点。

五、注意事项

本实验中，要求各种试剂的浓度和加入量相当准确。

六、思考题

1. 为什么沉淀最多，而溶液清亮的 pH 就是酪蛋白的等电点？
2. 试建议另外的测定等电点的方法。

实验 14　蛋白质含量的测定

Ⅰ 考马斯亮蓝 G-250 法（Bradford 法）

一、实验目的

蛋白质作为细胞中含量最丰富的生物大分子，是生物体结构和功能最重要的基础物质之一。蛋白质的含量测定，是植物生理、生物化学研究中最常用、最基本的分析方法之一。以蛋白质的不同理化特性为依据，提出了多种蛋白质定量方法。考马斯亮蓝 G-250 法是比色法与色素法相结合的复合方法，简便快捷、灵敏度高、稳定性好，是一种较好的常用方法。通过本实验学习考马斯亮蓝 G-250 法测定蛋白质含量的原理，了解分光光度计的结构、原理和在比色法中的应用。

二、实验原理

考马斯亮蓝 G-250（coomassie brilliant blue G-250）法也称为 Bradford 法，是由 Bradford 根据蛋白质与染料相结合的原理建立的一种蛋白质含量测定方法。经研究认为，染料主要是与蛋白质中的碱性氨基酸（特别是精氨酸）和芳香族氨基酸残基相结合。考马斯亮蓝 G-250 在游离状态下呈红色，最大光吸收波长（λ_{max}）在 465 nm；当它与蛋白质结合后变为蓝色，蛋白质-色素结合物的最大光吸收波长变为 595 nm。蛋白质含量在 0～1 000 μg 范围内，这一波长下其吸光度与蛋白质含量成正比，因此可用于蛋白质的定量测定。

三、实验仪器、试剂和材料

1. 仪器

①分光光度计。②分析天平。③离心机。④研钵。⑤移液管。⑥具塞刻度试管。⑦容量瓶。⑧烧杯。⑨量筒。

2. 试剂

①标准蛋白质溶液：准确称取 10 mg 牛血清白蛋白（BSA），用蒸馏水稀释定容至 100 mL，此溶液即为 100 μg/mL 的标准蛋白质溶液。②考马斯亮蓝 G-250 试剂：称取 100 mg 考马斯亮蓝 G-250，溶于 50 mL 95％乙醇中，加入 85％（m/V）的磷酸 100 mL，最后用蒸馏水定容到 1 000 mL，于棕色试剂瓶中保存。此溶液在常温下可放置一个月。

3. 材料

新鲜绿豆芽。

四、实验步骤

1. 标准曲线的制作。取 6 支 10 mL 干净的具塞刻度试管，编号后，按下表加入试剂：

管号 试剂	1	2	3	4	5	6
标准蛋白溶液（mL）	0	0.2	0.4	0.6	0.8	1.0
蒸馏水（mL）	1.0	0.8	0.6	0.4	0.2	0
考马斯亮蓝 G-250 试剂（mL）	5	5	5	5	5	5
蛋白质含量（μg）	0	20	40	60	80	100

盖塞后，将各试管中溶液纵向倒转混合，放置 2 min 后用 1 cm 光径的比色杯在 595 nm 波长下比色（比色应在 1 h 内完成），记录各管测定的 A_{595}，并以标准蛋白质含量（μg）为横坐标，以吸光度为纵坐标，绘制出标准曲线。

2. 样品提取液中蛋白质含量的测定。

（1）样品中蛋白质的提取。称取新鲜绿豆芽下胚轴 2 g，放入研钵中，加 5 mL 蒸馏水在冰浴中研磨成匀浆，转移到离心管中，再用蒸馏水分次洗涤研钵，洗涤液收集于同一离心管中，在室温（20～25 ℃）下放置 20 min 以充分提取，然后在 4 000 r/min 离心 10 min，弃去沉淀，上清液转入 10 mL 容量瓶，并以蒸馏水定容至刻度，即得待测样品提取液。

（2）样品中蛋白质含量的测定。另取 2 支 10 mL 具塞刻度试管，分别吸取样品蛋白质提取液 0.1 mL（做一重复），放入具塞刻度试管中，再各加入 0.9 mL 蒸馏水和 5 mL 考马斯亮蓝 G-250 试剂，充分混合，放置 2 min 后以标准曲线 1 号试管为对照，用 1 cm 光径比色杯在 595 nm 波长下比色，记录各管测定的 A_{595}，并通过标准曲线查得待测样品提取液中蛋白质的含量（μg）。

五、实验结果

样品中蛋白质含量（μg/g）＝ ［查得的蛋白质含量（μg）×提取液总体积（mL）］ / ［样品鲜重（g）×测定时取用提取液体积（mL）］

六、注意事项

1. 大量的去污剂如 Triton X-100、十二烷基硫酸钠（SDS）和 0.1 mol/L NaOH 溶液等会严重干扰此测定。

2. 蛋白质与考马斯亮蓝 G-250 结合的反应十分迅速，在 2 min 左右反应达到平衡；其颜色可以在 1 h 内保持稳定。因此应在 1 h 之内测定。

七、思考题

1. 考马斯亮蓝 G-250 法测定蛋白质含量的原理是什么？还有哪些蛋白质定量法？
2. 如何正确使用分光光度计？

Ⅱ 紫外吸收法

一、实验目的

通过本实验学习紫外吸收法测定蛋白质含量的原理，了解分光光度计的结构、原理和在比色法中的应用。

二、实验原理

由于蛋白质分子中，酪氨酸、苯丙氨酸和色氨酸残基的苯环含有共轭双键，使蛋白质具有吸收紫外光的性质，最大吸收峰在 280 nm 波长处。在此波长范围内，蛋白质溶液的吸光度 A_{280} 与蛋白质含量成正比。此外，蛋白质溶液在 238 nm 的吸光度与肽键的含量成正比。利用一定波长下，蛋白质溶液的吸光度与蛋白质浓度的正比关系，可用于蛋白质的定量测定。核酸在 280 nm 处也有吸收，干扰测定，但其最大吸收峰在 260 nm 波长处，故可通过校正加以消除。

三、实验仪器、试剂和材料

1. 仪器

①紫外分光光度计。②分析天平。③离心机。④恒温水浴锅。⑤研钵。⑥刻度移液管。⑦试管。⑧容量瓶。⑨烧杯。⑩量筒。

2. 试剂

①0.1 mol/L pH 7.0 的磷酸缓冲液：本缓冲液适用于植物叶片等样品中蛋白质的提取。②30% NaOH 溶液。③60%碱性乙醇溶液：称取 2 g NaOH，溶于少量 60%乙醇中，然后再用 60%乙醇定容至 1 000 mL，本溶液适用于作物种子等样品中蛋白质的提取。

3. 材料

谷类作物种子（烘干、粉碎并过 80～100 目筛子）、小麦叶片或其他植物材料等。

四、实验步骤

1. 样品中蛋白质的提取。称取烘干、粉碎并过 100 目筛子的小麦种子 0.5 g,放入研钵中,加入少量石英砂及 2.0 mL 30％ NaOH 溶液研磨 2 min,再加入 3.0 mL 60％碱性乙醇溶液研磨 5 min。然后再用 60％碱性乙醇溶液将研磨好的样品全部转入 25 mL 容量瓶中定容。摇匀后静置片刻,再取部分提取液离心 10 min(3 500 r/min)。吸取离心后的上清液1.0 mL 于另一个 25 mL 容量瓶中,再用 60％碱性乙醇溶液定容,摇匀后即可用于测定。如果是小麦叶片等样品则用 0.1 mol/L pH7.0 的磷酸缓冲液(方法同考马斯亮蓝 G-250 法)。

2. 样品中蛋白质含量的测定。取适量稀释后的蛋白质提取液,在紫外分光光度计上,以蒸馏水(缓冲液或盐溶液,视样品溶液而定)为空白对照,分别于 280 nm 和 260 nm 波长条件下,以 1 cm 光径的石英比色杯测定其吸光度。然后根据所测得的吸光度,代入以下公式即可计算出样品中蛋白质的含量。

五、实验结果

$$样品中蛋白质浓度(mg/mL)=1.45A_{280}-0.74A_{260}$$

$$样品中蛋白质的含量=(1.45A_{280}-0.74A_{260})\times 稀释倍数\times 100/1\,000\times 100\%$$

式中,1.45 和 0.74 为校正值;A_{280} 为蛋白质提取液在 280 nm 波长处的吸光度;A_{260} 为蛋白质提取液在 260 nm 波长处的吸光度;100/1 000 为蛋白质浓度换算成百分数。

六、注意事项

1. 此法对于测定那些与标准蛋白质中酪氨酸和色氨酸含量差异较大的蛋白质,有一定的误差。故该法适于测定与标准蛋白质氨基酸组成相似的蛋白质。

2. 若样品中含有嘌呤和嘧啶等吸收紫外光的物质,会出现较大干扰。例如,在制备酶的过程中,层析柱的流出液中有时混杂有核酸,可以通过查校正表再进行计算的方法,加以适当的校正。

3. 进行紫外吸收法测定时,由于蛋白质吸收高峰常因 pH 的改变而有变化,因此要注意溶液的 pH,测定样品时的 pH 要与测定标准曲线的 pH 相一致。

附:几种蛋白质测定方法的比较

方法	灵敏度	时间	原理	干扰物质	说明
双缩脲法 (Biuret 法)	灵敏度低 (1~20 mg)	中速 (20~30 min)	多肽键＋碱性 Cu^{2+} → 紫色络合物	硫酸铵、Tris 缓 冲液、某些氨基酸	用于快速测定,但不太 灵敏;不同蛋白质显色 相似
紫外吸收法	较为灵敏 (50~100 μg)	快速 (5~10 min)	蛋白质中的酪氨酸和 色氨酸残基在 280 nm 处 的吸光度	各种嘌呤和嘧啶、 各种核苷酸	用于层析柱流出液的检 测;核酸的吸收可以校正
考马斯亮蓝 G-250 法 (Bradford 法)	灵敏度最高 (1~5 μg)	快速 (5~15 min)	考马斯亮蓝染料与蛋 白质结合时,其 λ_{max} 由 465 nm 变为 595 nm	强碱性缓冲液、 Triton X-100、SDS	最好的方法;干扰物质 少;颜色稳定;颜色深浅 随不同蛋白质变化

实验 15　蛋白质溶液脱盐

I 透析法

一、实验目的

学习透析法的基本原理和操作技术。

二、实验原理

在实验室分离纯化蛋白质的过程中，往往在粗制蛋白质中含有硫酸铵等小分子物质，这类物质会影响以后的纯化，所以纯化前均应除去，此过程称为脱盐（desalt）。蛋白质是大分子物质，它不能透过透析膜，而小分子物质（无机盐、单糖等）可以自由通过透析膜与周围的缓冲溶液进行溶质交换而进入到透析液中。

三、实验仪器、试剂和材料

1. 仪器

①透析袋。②大烧杯。③离心机。④电磁搅拌器。⑤搅拌子。⑥透析袋夹（或者细线）。

2. 试剂

①1‰氯化钡溶液。②硫酸铵粉末。

3. 材料

将新鲜鸡蛋的蛋清与水按 1∶20 混匀，然后用六层纱布过滤。取 5 mL 蛋白质溶液于离心管中，加 4 g 硫酸铵粉末，边加边搅拌使之溶解。然后在 4 ℃下静置 20 min，出现絮状沉淀。将上述沉淀液离心 20 min（1 000 r/min）。倒掉上清液，加 5 mL 蒸馏水溶解沉淀物，即为待脱盐的样品。

四、实验步骤

1. 样品的检查。取样品溶液 1 mL，加 1‰氯化钡溶液 1～2 滴，边加边摇。

2. 装样。取一段透析袋，将一端夹住，由开口端加入样品（不可装太满，并适当排出空气），夹住袋口。

3. 透析。取大烧杯，装入 10 倍以上样品体积的透析液，将装好样品的透析袋悬于去透析液中部。在烧杯底部放一个搅拌子，缓慢搅拌以促进溶液交换，期间更换透析液数次（约 30 min 一次），至达到透析平衡为止。

4. 检查透析效果。更换洗脱溶液时，用 1‰氯化钡检查洗出液中是否有 SO_4^{2-}。

五、实验结果

记录并解释实验现象。

六、注意事项

蛋白质溶液用透析法脱盐时，正负离子透过半透膜的速度不同。以硫酸铵为例，NH_4^+

的透出较快,在透析过程中,膜内 SO_4^{2-} 剩余而生成 H_2SO_4,从而使膜内蛋白质溶液呈酸性,足以达到使蛋白质变性的酸度。因此用盐析法纯化蛋白质做透析脱盐时,开始应用 0.1 mol/L 的 NH_4OH 透析。

七、思考题

1. 透析时为什么将透析袋置于透析液层的中部?
2. 透析时可否维持蛋白质溶液的体积不改变?

Ⅱ 凝胶过滤法

一、实验目的

学习凝胶过滤的基本操作技术。

二、实验原理

凝胶过滤的主要装置是填充有凝胶颗粒的层析柱。目前使用较多的是交联葡聚糖凝胶(Sephadex)。这种高分子材料具有一定孔径的网络结构,高度亲水。用每克干胶吸水量(mL)的 10 倍(G 值)表示凝胶的交联度。交联度高的小号胶如 Sephadex G-25 适于脱盐。

当在凝胶床上加上样品时,自由通透的小分子可以进入凝胶颗粒内部,而受到排阻的大分子不能进入胶粒内部,只能沿着胶粒之间的间隙向下流动,所经路程短,最先流出。而小分子受迷宫效应影响,要经过层层扩散向下流动,所经路程长,最后流出。通透性居中的分子则后于大分子而先于小分子流出。从而按由大到小的顺序实现大小分子分离。

三、实验仪器、试剂和材料

1. 仪器
①层析柱(2 cm×15 cm)。②恒流泵。③核酸蛋白检测仪。④部分收集器。⑤记录仪。
2. 试剂
①1% 氯化钡。②硫酸铵粉末。
3. 材料
①Sephadex G-25。②蛋白质溶液(新鲜蛋清与水按 1∶20 混匀过滤)。

四、实验步骤

1. 凝胶溶胀。称取适量 Sephadex G-25 于烧杯中加入洗脱液置室温溶胀过夜,反复倾泻去掉细颗粒,然后减压抽气去除凝胶孔隙中的空气;或沸水浴中煮沸 2~3 h(可去除颗粒内部的空气及灭菌)快速溶胀,待温度降到室温即可使用。

2. 装柱。将层析柱垂直固定,加入少量的洗脱液。把处理好的凝胶用玻璃棒搅匀,然后边搅拌边倒入柱中。最好一次连续装完所需的凝胶,若分次装入,需用玻璃棒轻轻搅动柱床上层凝胶,以免出现界面影响分离效果。

3. 平衡。继续用洗脱液洗脱,平衡 20 min。

4. 样品制备。取 5 mL 蛋白质溶液于离心管中，加 4 g 硫酸铵粉末，边加边搅拌使之溶解。然后在 4 ℃下静置 20 min，出现絮状沉淀。将上述沉淀液离心 10 min（2 000 r/min）。倒掉上清液，加 5 mL 洗脱液溶解沉淀物，即为样品。

5. 上样。当胶床表面仅留约 1 mm 液层时，吸取 1 mL 样品，小心地注入层析柱胶床面中央，慢慢打开螺旋夹开始收集洗脱液（每管收集 3 mL，共收集 6 支管），待大部分样品进入胶床，床面上仅有 1 mm 液层时，用滴管加入少量洗脱液，使剩余样品进入胶床，然后用滴管小心加入 3～5 cm 高的洗脱液。

6. 洗脱。继续用蒸馏水洗脱直至结束，然后在 280 nm 下检测每支试管收集液的吸光度。

7. 将检测完 A_{280} 的收集液再倒回原来的试管中，分别加一滴 1% 氯化钡溶液检测硫酸根的情况。

五、实验结果

1. 绘制洗脱曲线（以洗脱体积为横坐标，吸光度为纵坐标绘制）。
2. 将硫酸根的检测结果结合洗脱曲线评价蛋白质盐溶液的脱盐效果。

六、注意事项

1. 装柱时注意层析柱的垂直放置，装好的柱子避免出现气泡、断层等。
2. 平衡过程中，洗脱时要将恒流泵至层析柱的连接管内的气泡全部排除，以免影响流速。此外如果需要温度平衡则同时在层析柱夹套内通入恒温冷却水。
3. 整个实验过程保证床面位于液面之下。
4. 一般使用之后通过适当的酸碱处理可以将凝胶再生。

七、思考题

凝胶过滤法分离不同大小分子的原理是什么？

实验 16　凝胶过滤分离血红蛋白与硫酸铜

一、实验目的

1. 了解凝胶过滤分离的原理及其应用。
2. 通过凝胶过滤分离血红蛋白与硫酸铜的训练，初步掌握凝胶过滤分离技术。

二、实验原理

凝胶层析又称排阻层析、凝胶过滤、渗透层析或分子筛层析等。它广泛地应用于分离、提纯、浓缩生物大分子及脱盐、去热源等，而测定蛋白质的分子质量也是它的重要应用之一。凝胶是一种具有立体网状结构且呈多孔的不溶性珠状颗粒物质。用它来分离物质，主要是根据多孔凝胶对不同半径的蛋白质分子（近于球形）具有不同的排阻效应实现的，亦即它是根据分子大小这一物理性质进行分离纯化的。对于某种型号的凝胶，一些大分子不能进入凝胶颗粒内部而完全被排阻在外，只能沿着颗粒间的缝隙流出柱外；而一些小分子不被排阻，可自由扩散，渗透进入凝胶内部的筛孔，之后又被流出的洗脱液带走。分子越小，进入凝胶内部越深，所走的路程越多，故小分子最后流出柱外，而大分子先从柱中流出。一些中等大小的分子介于大分子与小分子之间，只能进入一部分凝胶较大的孔隙，亦即部分排阻，因此这些分子从柱中流出的顺序也介于大、小分子之间。这样样品经过凝胶层析后，分子便按照从大到小的顺序依次流出，达到分离的目的（图 10）。

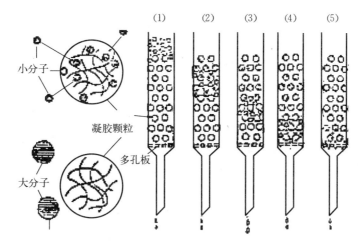

图 10 凝胶层析的原理

用于凝胶层析的凝胶均为人工合成的产品，主要有葡聚糖（商品名为 Sephadex）、琼脂糖（商品名为 Sepharose）、生物凝胶（商品名为 Bio-gel）及具有一定网孔的细玻璃珠等和这些凝胶的衍生物。

本实验主要介绍葡聚糖凝胶，它是由葡萄糖的多聚物和环氧丙烷交联而成。环氧丙烷引入丙三醇基将链状的多聚葡萄糖单位交联起来，凝胶网眼的大小由多聚葡萄糖分子和环氧丙烷的比例（交联度）来控制。

葡聚糖具有较强的亲水性，在水和电解质溶液中膨胀成为柔软而富有弹性的凝胶，其吸水能力与葡聚糖凝胶的交联度有密切关系。交联度大的，孔径小，吸水少，膨胀程度小。因此，葡聚糖凝胶孔径的大小可以其吸水量的大小来表示，常以 G-10～G-200 号码标记。G 后面的数字是其吸水量（mL/g）乘以 10 所得的值。G-75 以上的胶因吸水量大，膨胀后形态柔软易变，统称为软胶；G-75 以下的称为硬胶。

葡聚糖凝胶可分离的分子大小从几百到数十万。可根据被分离物质的分子大小及目的选择使用。一般说 G-10～G-15 通常用于分离肽及脱盐。G-75～G-200 用以分离各种蛋白质。

凝胶过滤是一种物理分离法，操作条件温和，适于分离不稳定的化合物；凝胶颗粒不带电荷，不与被分离物质发生反应，因而溶质回收率接近 100%，但是由于它是葡萄糖的聚合物，仍有少量活性羟基，能吸附少量蛋白质等被分离的物质。为了克服这个缺点，一般使用含有离子强度达 0.08 mol/L 的 NaCl 等中性盐作洗脱液。

凝胶过滤设备简单、分离效果好、重现性强，凝胶柱可反复使用，所以广泛应用于蛋白质等大分子的分离纯化、分子质量测定、脱盐等用途。本实验利用凝胶过滤的特点，将 Cu-SO$_4$（全渗透）同血红蛋白（全排阻）混合物分离。

三、实验仪器、试剂和材料

1. 仪器

①层析柱。②恒流泵。③移液管与洗耳球。④试管与试管架。⑤752 型分光光度计。⑥自动部分收集器。

2. 试剂

①洗脱液：0.05 mol/L　pH4.3 磷酸缓冲液。②血红蛋白溶液：取抗凝全血 5 mL，离心弃血浆。加 3 倍于血细胞体积的 0.9% NaCl 洗血细胞，颠倒混匀。离心，弃去上清液。此操作重复一次。于洗净的红细胞中加入 5 倍体积的蒸馏水，摇匀，血细胞破碎，用棉花过滤，即得血红蛋白溶液。③碱性硫酸铜溶液：将硫酸铜 3.73 g 溶于 10 mL 热蒸馏水中，冷却后稀释到 15 mL。另取柠檬酸钠 17.3 g 及 $Na_2CO_3 \cdot H_2O$ 10 g 加水 60 mL，加热使之溶解。冷却，稀释至 85 mL。最后把硫酸铜溶液缓缓倾入柠檬酸钠-碳酸钠溶液中，混匀即可。④血红蛋白-碱性铜混合液：将上述②、③号溶液按 1∶1（V/V）混合即可，但一定在使用前配制。⑤葡聚糖凝胶 Sephadex G-50。⑥蓝葡聚糖 2000。

四、实验步骤

1. 凝胶的处理（溶胀与浮选）。称取 7 g Sephadex G-50 于 250 mL 烧杯中加入洗脱液 100 mL，置室温溶胀 2~3 d，反复倾泻去掉细颗粒，然后减压抽气去除凝胶孔隙中的空气，沸水浴中煮沸 2~3 h（可去除颗粒内部的空气及灭菌）。

2. 装柱。取洁净的玻璃层析柱垂直固定在铁架台上。倒入洗脱液，排气泡，将溶液留至 1 cm 高，关闭开关。将凝胶用一倍洗脱液搅成悬液，沿柱内壁加入柱中，等底部凝胶沉积至 2 cm 时，打开底部开关，随之继续加入凝胶至上端 5 cm 处为止。

3. 平衡。柱装好后，使层析床稳定 5~10 min，然后接上恒流泵打开出口开关，用 2 倍于床体积的洗脱液平衡，使层析床稳定。恒流泵流速为 10~15 滴/min（以下均同）。

4. 层析床校正。为了取得良好的层析效果，在层析前需要对所装的层析柱进行检查。检查方法如下：首先用肉眼观察层析床是否均匀，有没有"纹路"和气泡，床表面是否平整，再用蓝葡聚糖 2000 进行层析行为的检查，在层析柱内加入 1 mL（2 mg/mL）蓝葡聚糖 2000，然后用洗脱液进行洗脱（洗脱的作用压与流速同前），在层析中当移动的指示剂色带狭窄均一，则说明装柱良好。检查后再经洗脱液平衡，即重复步骤 3 即可使用。

5. 加样与洗脱。打开平衡好的层析柱底部出口开关，使柱内溶液流至床表面时关闭，将吸取 0.5 mL 样品的加样滴管在距床表面 1 mm 处沿管壁轻轻转动加进样品，加完后，再打开底端出口开关使样品流至床表面，用少量洗脱液同样小心清洗表面 1~2 次，使洗脱液流至床表面，然后将洗脱液在柱内约加至 4 cm 高，接上恒流泵并调节好流速即开始洗脱（注意在加样和洗涤过程中防止床表面被冲坏）

6. 收集与测定。收集时可用自动部分收集器按每管 2 mL 收集或以手工操作分管收集 15 管，收集后用 752 型分光光度计在 451 nm 波长处以洗脱液为空白管溶液对每管收集液进行吸光度测定。测定后以收集管数（或 mL）为横坐标，吸光度为纵坐标对应作图。

五、注意事项

1. 平衡过程中,洗脱时要将恒流泵至层析柱的连接管内气泡全部排除,以免影响流速。此外如果需要温度平衡则同时在层析柱夹套内通入恒温冷却水。

2. 市售的凝胶如需彻底处理,可在溶胀后再用 0.5 mol/L NaOH-0.5 mol/L NaCl 溶液在室温中浸泡 30 min,但注意必须避免在酸或碱中加热。另外用过的凝胶柱如需再生时,可用 0.1 mol/L NaOH-0.5 mol/L NaCl 溶液洗涤以去掉堵住凝胶网孔的杂质,然后用蒸馏水洗至中性备用,一般使用几次后就需再生。

六、思考题

1. 凝胶过滤分离生物分子的原理是什么?
2. 凝胶过滤与聚丙烯酰胺凝胶电泳的分子筛效应是否相同?

实验 17　聚丙烯酰胺凝胶盘状电泳分离蛋白质

一、实验目的

1. 掌握电泳的相关知识。
2. 了解聚丙烯酰胺凝胶形成过程和条件。
3. 学习聚丙烯酰胺凝胶电泳的操作过程。

二、实验原理

(一) 电泳

在电场的作用下,带电颗粒会朝着与其电荷电性相反的电极移动,这种现象就是电泳。带电颗粒在电场中泳动的快慢一般用迁移率(或泳动度)来表示,即带电颗粒在单位电场强度下的泳动速度。其公式如下:

$$m = \frac{v}{E} = \frac{d/t}{V/L}$$

式中,m 为迁移率 $[cm^2/(V \cdot s)]$;v 为颗粒的泳动速度 (cm/s);E 为电场强度 (V/cm);d 为颗粒泳动的距离 (cm);L 为支持物的有效长度 (cm);V 为实际电压 (V);t 为电泳通电时间 (s)。

一般来说,在同一电场中不同颗粒的迁移率是不同的。带电颗粒的泳动速度与其直径、形状及其净电荷量有较大关系。一般讲,带电颗粒之净电荷越大,直径越小,越近乎球状,则其在电场中泳动速度越快。

影响带电颗粒在电场中泳动速度的外部因素主要有如下几种:电场强度、溶液 pH、溶液离子强度、溶液黏度、电渗、温度等。

(二) 聚丙烯酰胺凝胶电泳

此种电泳方法因其支持物为聚丙烯酰胺凝胶而得名。这种凝胶机械强度好,弹性大而透明。其化学性质相对稳定,不溶于很多试剂,对 pH 和温度的变化较稳定,是非离子型的,无吸附和电渗作用。

1. 凝胶聚合的原理

聚丙烯酰胺凝胶是由单体丙烯酰胺和交联剂甲叉双丙烯酰胺（即亚甲基双丙烯酰胺）经催化剂催化聚合而形成的含酰胺基侧链的脂肪族长链，并在相邻长链之间经甲撑桥连接形成的三维网状结构。化学聚合法采用的催化剂一般为过硫酸铵或过硫酸钾。在制胶时，还需加入一种脂肪族叔胺为加速剂，例如最好的加速剂为四甲乙二胺（TEMED），其次还有三乙醇胺、二甲基氨丙腈（DMAPN）。在制胶的反应系统中，过硫酸铵生成氧的自由基后，与单体丙烯酰胺作用使丙烯酰胺"活化"也形成自由基，最后活化的丙烯酰胺彼此联结而成多聚体长链。但此时的溶液只是黏稠而并未形成最后的凝胶。经双体交联剂甲叉双丙烯酰胺的作用后才最终形成凝胶。

2. 凝胶的浓度与凝胶孔径大小之间的关系

凝胶的浓度是指单体和双体在凝胶中的总浓度，其公式如下：

$$T = \frac{a+b}{V}$$

式中，T 为凝胶浓度；a 为单体重量（g）；b 为双体重量（g）；V 为溶液的体积（mL）。
凝胶的交联度是指双体浓度占凝胶浓度的百分含量，其公式如下：

$$C = \frac{b}{a+b}$$

式中，C 为交联度；a 为单体重量（g）；b 为双体重量（g）。

一定条件下凝胶的孔径、透明度及弹性随凝胶浓度的增加而降低，同时机械强度则相应增加。

3. 不连续性聚丙烯酰胺凝胶电泳

由于聚丙烯酰胺凝胶的浓度可以按要求配制，因此可以形成连续系统和不连续系统两种电泳系统。不连续系统最大的特点在于大大提高了样品分离的分辨率。这种电泳的主要特点是：凝胶层的不连续性；缓冲液离子成分的不连续性；电位梯度的不连续性；pH 的不连续性。如在本实验中，电泳凝胶分为两层：上层胶为低浓度的大孔胶，称为浓缩胶或成层胶，配制此层的缓冲液是 Tris-HCl，pH6.7；下层胶则是高浓度的小孔胶，称为分离胶或电泳胶，成胶的缓冲液是 Tris-HCl，pH8.9。电泳槽中的电极缓冲液则是 Tris-Gly，pH8.3。可见，凝胶浓度、成胶成分、pH 与电泳液缓冲系统各不相同，形成了一个不连续系统。

在不连续系统中，当接通电源开始电泳时，系统中的甘氨酸、蛋白质、HCl 中的氯离子和溴酚蓝等均解离为阴离子，形成离子流向阳极泳动。其迁移率取决于离子的电荷数、分子质量大小及形状。然而，当电极缓冲液（pH8.3）中的甘氨酸离子在进入浓缩胶时，它们遇到了低 pH（6.7），pH 下降了将近两个单位，几乎接近于甘氨酸的等电点（5.97），于是甘氨酸的解离度突然降低，所带电荷量明显减少，迁移率减慢。血清样品中各蛋白质成分也进入浓缩胶，pH 的变化虽然对其解离度有影响，但比对甘氨酸要小得多，其迁移率比甘氨酸要大，而且浓缩胶的胶孔较大，对蛋白质分子不会造成阻碍。浓缩胶中的 Tris-HCl 中的 Cl^- 则全部解离，分子质量很小摩擦力不大，其迁移率比蛋白质、溴酚蓝都快。于是在浓缩胶中各种离子的迁移率形成梯度：甘氨酸＜蛋白质＜溴酚蓝＜Cl^-。

甘氨酸分子进入浓缩胶后解离度的下降，造成移动离子流的突然缺失，出现电流减小电导率下降。然而，整个电泳系统中其他部分的电流仍维持不变，根据电导与电位梯度成反比

（$E=I/n$，E 为电位梯度，I 为电流强度，n 为电导率）的关系，于是在前导离子 Cl^- 与慢离子甘氨酸离子之间突然形成了较高的局部电位梯度。处在这个局部高电位梯度区域中的血清蛋白质各成分，在高电场作用下迅速以不同的速度（分子质量不同、带电量不同）泳向前导 Cl^- 区域。当到达前导 Cl^- 区域时因不缺少离子，大的电场强度减弱，离子移动速度急速减慢下来，其结果在甘氨酸和 Cl^- 之间的蛋白质样品就按其分子的大小堆积或浓缩成层。通过这个过程，使蛋白质样品浓缩了好几百倍，且蛋白质各成分也按一定的顺序排列成层。

当离子流继续向前，进入以 pH 8.9 缓冲液配制的小孔胶时，蛋白质分子在小孔胶里遇到阻力，迁移率减慢，同时在 pH 8.9 条件下，甘氨酸又充分解离其带电量增加，消除了离子流缺少的现象，小分子的甘氨酸离子赶上了蛋白质。凝胶各部分恢复具有恒定的电场强度，蛋白质的分离完全按一般区带电泳方式进行。

由以上的原理可见，聚丙烯胺凝胶的不连续电泳最主要的优点就是使蛋白质样品经浓缩胶后，形成紧密的压缩层进入分离胶。蛋白质各成分预先分开且压缩成层，可以减少在电泳时，各成分间由于自由扩散而造成的区带相互重叠所带来的干扰，这样就提高了电泳的分辨能力。由于这个优点，少量的蛋白质样品（1～100 μg）也能分离得很好，如血清蛋白质可获得 20 多个区带。

（三）盘状电泳

聚丙烯酰胺凝胶盘状电泳是聚丙烯酰胺凝胶电泳的重要形式之一，因为蛋白质样品在电泳后形成的区带形状像圆盘而得名。又因为电泳过程是在玻璃柱中进行而称为柱状电泳。因其具有分辨率高、重复性好等特点，在蛋白质和核酸的分离、鉴定、小量制备等方面的用途十分广泛。

三、实验仪器、试剂和材料

1. 仪器

①圆盘电泳槽电泳仪。②剪刀与镊子。③滴管。④试管与试管架。⑤烧杯。⑥移液管与洗耳球。⑦微量加样器。⑧10 cm 长注射器针头等。

2. 试剂

①分离胶（电泳胶）贮液：称取丙烯酰胺 30 g，亚甲基双丙烯酰胺 0.8 g，加重蒸水溶解后定容至 100 mL，过滤，置棕色瓶中 4 ℃保存（1 个月）。②浓缩胶（成层胶）贮液：称取丙烯酰胺 10 g，亚甲基双丙烯酰胺 2.5 g，加重蒸水溶解后定容至 100 mL，过滤，置棕色瓶中 4 ℃保存（1 个月）。③分离胶（电泳胶）缓冲液（pH8.9）：称 1 mol/L HCl 48 mL，三羟甲基氨基甲烷（Tris）36.6 g，TEMED 0.23 mL，加重蒸水至 80 mL，使其溶解，调 pH8.9，然后定容至 100 mL，置棕色瓶 4 ℃保存（1 个月）。④浓缩胶（成层胶）缓冲液（pH6.7）：称 1 mol/L HCl 48 mL，Tris 5.98 g，TEMED 0.46 mL，加重蒸水至 80 mL，使其溶解，调 pH6.7，然后定容至 100 mL，置棕色瓶 4 ℃保存（1 个月）。⑤1%过硫酸铵（AP）：称过硫酸铵 1 g，定容至 100 mL，置棕色瓶 4 ℃保存（1 周），最好现用现配。⑥40%蔗糖。⑦染色液：称考马斯亮蓝（R-250）0.05 g、磺基水杨酸 20 g，加蒸馏水至 100 mL，过滤。⑧0.1%溴酚蓝。⑨pH8.3 Tris-Gly 电泳缓冲液贮液：称 Tris 6 g、甘氨酸（Gly）28.8 g，加蒸馏水至 900 mL，调 pH8.3，定容至 1 000 mL，4 ℃保存，临用前稀释10 倍。⑩脱色液：7%乙酸。

四、实验步骤

1. 制备凝胶管。将洗净烘干的玻璃管一端用医用橡皮膏封严，插在疫苗瓶的橡皮帽中，垂直放于桌面上。取出预先配制的试剂，按下表配制分离胶和浓缩胶：

试剂（mL）	分离胶（7.5%）	浓缩胶（3.75%）
分离胶（浓缩胶）贮液	5.0	3.0
分离胶（浓缩胶）缓冲液	2.5	1.0
重蒸水	2.5	3.0
1%过硫酸铵	10.0	1.0

(1) 制备分离胶。在 50 mL 干燥小烧杯中按比例加入分离胶贮液、分离胶缓冲液和重蒸水，最后加入新配制的过硫酸铵，用玻璃棒搅匀，及时用滴管吸取胶液灌入玻璃管内（距下端约 7 cm），然后立即顺管（不要滴加）加入 3～5 mm 高的水层，以隔离空气加速凝胶过程。加水时一定要防止搅乱胶面，待 30 min 后即凝集成胶，此时胶与水之间形成一条明显的界线。倒出胶面上的水，也可以滤纸吸干。

(2) 制备浓缩胶。按上表配制浓缩胶，先用部分胶液冲洗分离胶面，倒出，立即灌入浓缩胶液约 1 cm 高，然后加一薄层水，等待聚合。

2. 倒缓冲液。将凝聚好的胶管除去下端封闭物，将管插入圆盘电泳槽中（上 1/3，下 2/3），记录各管所处编号位置。管要插得垂直。插好后，加入少量电极缓冲液于槽中，检查是否漏水，若不漏水即可在上、下槽中加足电极缓冲液，至少要淹没凝胶管的上下两端和电极。

3. 加样。取血清、40%蔗糖和 0.1%溴酚蓝，按照体积比 1∶1∶1 的比例混匀备用。用微量加样器吸取样品 20 μL，让针头穿过胶面上的缓冲液，但不要碰到胶面，慢慢推动加样器使样品慢慢落在胶面上。

4. 电泳。接通电源，负极在上，正极在下。电流控制在 2～5 mA/管，通电 2～4 h。当溴酚蓝指示剂到达距胶管底部约 1 cm 处时停止电泳。

5. 剥胶。倒出缓冲液，取出凝胶玻璃管。用带长注射针头的注射器吸满水，针头插入玻璃管壁与凝胶之间，边插入边推水，并使针头沿管壁转动，直到针头插到头，这样凝胶柱即可脱离玻璃管滑出。若仍不自动滑出，可用洗耳球轻轻把凝胶柱吹出。整个取胶过程要求动作慢、细心。

6. 染色与脱色。将取出的凝胶柱放入大平皿中，加入染色液，染色 20～30 min。倒出染色液并回收，换成脱色液漂洗，多次更换脱色液或放在 37 ℃处加热促进脱色，直至无蛋白区带处背景的颜色褪净，可见清晰的血清蛋白质电泳图谱为止。

五、实验结果

电泳结果可用扫描仪扫描记录或拍照。凝胶柱在 7%冰醋酸溶液中可长期保存。

六、思考题

1. 简述聚丙烯酰胺凝胶聚合的原理及如何调节凝胶的孔径？

2. 为什么样品会在浓缩胶中被压缩?

3. 样品中加 40% 蔗糖及 0.1% 溴酚蓝各有何作用?

实验 18　SDS-聚丙烯酰胺凝胶电泳测定蛋白质分子质量

一、实验目的

学习和掌握 SDS-聚丙烯酰胺凝胶电泳测定蛋白质分子质量的原理和方法。

二、实验原理

蛋白质在聚丙烯酰胺凝胶中电泳时,它的迁移取决于它所带电荷以及分子大小和形状等因素。1967 年 Shapiro 等发现,阴离子去污剂十二烷基硫酸钠(SDS)能够与蛋白质结合,破坏蛋白质分子内部、分子之间以及与其他物质分子之间的非共价键,使蛋白质变性而改变原有的空间构象。当有强还原剂(如巯基乙醇)存在时,可使蛋白质分子内的二硫键被彻底还原,并且当 SDS 的总量为蛋白量的 3~10 倍且 SDS 单位浓度大于 1 mol/L 时,这两者的结合是定量的,大约每克蛋白质可结合 1.4 g SDS。蛋白质分子一经结合了一定量的 SDS 阴离子,所带负电荷的量远远超过了它原有电荷量,从而消除了不同种类蛋白质间电荷符号的差异,且由于分子质量越大的蛋白质结合的 SDS 越多,所带负电荷也越多,这就使各蛋白质-SDS 复合物的电荷密度趋于一致。同时,不同蛋白质的 SDS 复合物形状也相似,均是长椭圆状。因此,在电泳过程中,迁移率仅取决于蛋白质-SDS 复合物的大小,也可以说是取决于蛋白质分子质量的大小,而与蛋白质原来所带电荷量无关。据经验得知,当蛋白质的相对分子质量为 17 000~165 000 时,蛋白质-SDS 复合物的电泳迁移率与蛋白质分子质量的对数呈线性关系:$\lg M_W = \lg K - bm$,上式中,M_W 为蛋白质的分子质量,m 为相对迁移率,K 为常数,b 为斜率。将已知分子质量的标准蛋白质在 SDS-聚丙烯酰胺凝胶中的电泳迁移率对分子质量的对数作图,即可得到一条标准曲线。只要测得未知分子质量的蛋白质在相同条件下的电泳迁移率,就能根据标准曲线求得其分子质量。

三、实验仪器、试剂和材料

1. 仪器

①电泳仪。②垂直电泳槽。③滴管。④小烧杯。⑤吸管。⑥玻璃棒。⑦直尺。⑧微量加样器。⑨染色缸等。

2. 试剂

①标准分子质量指示蛋白:低分子质量范围 10~100 ku。②蛋白样品:牛血清。③染色液:250 mg 考马斯亮蓝 G-250 溶于含有 9% 冰乙酸、45.5% 甲醇和 45.5% 水的 100 mL 混合液中。④脱色液:冰乙酸:甲醇:水=7.5:5:87.5(V/V)。⑤电泳缓冲液(pH8.9):Tris 6.055 g、甘氨酸 28.82 g,加水溶解后,加入 10% SDS 20 mL,再加水定容至 2 000 mL。⑥30% Acr-Bis:73.0 g 丙烯酰胺(Acr)、2.0 g 甲叉双丙烯酰胺(Bis),用水加热充分溶解后,再定容至 250 mL。⑦浓缩胶缓冲液:Tris 6.005 g、10% SDS 4 mL,加水溶解后,用 HCl 调至 pH6.8,再加水定容至 100 mL。⑧分离胶缓冲液:Tris 18.165 g、10% SDS 4 mL,加水溶解后,用 HCl 调至 pH8.8,再加水定容至 100 mL。⑨10% 过硫酸

铵（当天配制）。⑩TEMED（四甲基乙二胺）。

四、实验步骤

1. 垂直板电泳槽的安装。

（1）垂直板状电泳槽，玻璃板等器材应用 95％乙醇清洁。

（2）将密封用硅胶框放在平玻璃的相应位置，然后将凹型玻璃与平玻璃重叠，将两块玻璃立起来使其底端接触桌面，用手将两块玻璃板夹住放入电泳槽内，凹型玻璃朝内。

（3）插入斜插板到适中程度，即可灌胶。

2. 配制分离胶。分别取 30％ Acr-Bis 4.16 mL、分离胶缓冲液 3.12 mL、H_2O 5.11 mL、10％过硫酸铵 150 μL、TEMED 10 μL 充分混合，配制成 10％的分离胶。

3. 迅速灌胶，使凝胶面与上槽边缘距离 2.5～3.0 cm，立即用少许丁醇-H_2O 封闭胶面以隔绝空气。待完全聚合后，倾去胶面液体，用滤纸吸干表面。

4. 配制浓缩胶。分别取 30％ Acr-Bis 0.833 mL、浓缩胶缓冲液 1.25 mL、H_2O 2.9 mL、过硫酸铵晶体少许、TEMED 5 μL 充分混合，配制成 5％的浓缩胶。

5. 灌胶后，迅速插入梳子。

6. 内外槽中注入适量电泳缓冲液。

7. 蛋白质样品应预先测定浓度，电泳样品的准备方法如下：蛋白质样品 X 份，H_2O Y 份，溴酚蓝染料 1 份，样品缓冲液（含或不含 β 巯基乙醇）1 份，使电泳样品中的蛋白质浓度达到 1 mg/mL 为宜。

样品缓冲液的配制：浓缩胶缓冲液 30 mL、β 巯基乙醇 12 μL（或用等体积的 H_2O）、SDS 7.2 g，加 H_2O 至 50 mL。

8. 电泳前，样品煮沸 2～3 min。

9. 每个样品池中加样 5～20 μL。另用已知分子质量的标准系列蛋白质 20 μL 作对照。

10. 内槽接负极，外槽接正极，电压 200 V，电泳终点由溴酚蓝染料指示前沿决定，溴酚蓝印迹距底部约 1 cm 时终止电泳。

11. 终止电泳，取出凝胶并切除浓缩胶。测量分离胶的长度及分离胶上沿至溴酚蓝带中心的距离。用考马斯亮蓝染色 0.5 h，在脱色液中浸洗 12 h 以上，至背景无色为止。

12. 分子质量测定。将脱色的凝胶取出，测量脱色后分离胶的长度及每条电泳带的迁移距离（或算出迁移率，即 R_f 值）。以标准分子质量指示蛋白的分子质量对数为纵坐标，以相应的迁移距离为横坐标制作标准曲线，从曲线中查出待测样品的分子质量。

五、实验结果

1. 按下面公式计算标准蛋白质和未知蛋白质的相对迁移率：

$$相对迁移率＝样品迁移距离（cm）/染料迁移距离（cm）$$

2. 以标准蛋白质分子质量的对数对相对迁移率作图，得到标准曲线，根据待测样品相对迁移率，从标准曲线上查出其分子质量。

六、注意事项

1. 有些蛋白质由亚基（如血红蛋白）或两条以上肽链（α 胰凝乳蛋白酶）组成的，它们

在 β 巯基乙醇和 SDS 的作用下解离成亚基或多条单肽链。因此，对于这一类蛋白质，SDS-聚丙烯酰胺凝胶电泳法测定的只是它们的亚基或是单条肽链的相对分子质量。

2. 用 SDS-聚丙烯酰胺凝胶电泳法测定蛋白质相对分子质量时，必须作标准曲线。这次的标准曲线不可以在下次实验中采用。

七、思考题

1. SDS-聚丙烯酰胺凝胶电泳与聚丙烯酰胺凝胶电泳原理上有何不同？

2. 用 SDS-聚丙烯酰胺凝胶电泳法测定蛋白质分子质量时为什么要用 β 巯基乙醇？

3. 用 SDS-聚丙烯酰胺凝胶电泳测定蛋白质的分子质量，为什么有时和凝胶层析法所得结果有所不同？是否所有的蛋白质都能用 SDS-聚丙烯酰胺凝胶电泳法测定其分子质量？为什么？

实验 19　聚丙烯酰胺凝胶等电聚焦电泳
测定蛋白质等电点

一、实验目的

1. 了解等电聚焦的原理。
2. 掌握聚丙烯酰胺凝胶等电聚焦电泳技术。
3. 测量已知蛋白质的等电点。

二、实验原理

蛋白质分子是两性电解质分子。pH 大于其等电点（pI）时解离成带负电荷的阴离子，向电场的正极移动；pH 小于其等电点时解离成带正电荷的阳离子，向电场的负极移动；环境 pH 等于其等电点时，蛋白质所带的净电荷为零时，在电场中不再移动。如果在一个有 pH 梯度的环境中，对各种不同等电点的蛋白质混合样品进行电泳，则在电场作用下，各种蛋白质分子将按照它们各自等电点大小在 pH 梯度中相对应的位置处进行聚焦。这种按等电点的大小，使生物分子在 pH 梯度的相应位置上进行聚焦的行为就称为等电聚焦（isoelectric focusing）。等电聚焦的特点就在于它利用了一种称为两性电解质载体的物质在电场中构成连续的 pH 梯度，使蛋白质或其他具有两性电解质性质的样品进行聚焦，从而达到分离、测定和鉴定的目的。

两性电解质载体，实际上是许多异构和同系物的混合物，它们是一系列多羟基多氨基脂肪族化合物，其结构如下图。

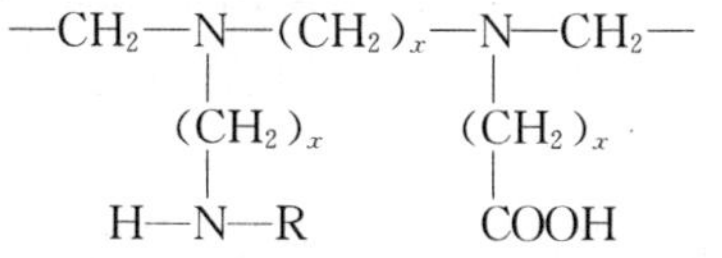

$$—CH_2—N—(CH_2)_x—N—CH_2—$$
$$\underset{\underset{H—N—R}{|}}{\overset{|}{(CH_2)_x}} \quad \underset{\underset{COOH}{|}}{\overset{|}{(CH_2)_x}}$$

R ＝ H 或 —(CH₂)ₓ—COOH

x ＝ 2 或 3

分子质量为 300～1 000 u。两性电解质在直流电场的作用下，能形成一个从正极到负极的 pH 逐渐升高的平滑连续的 pH 梯度。不同 pH 的两性电解质含量与 pI 值的分布越均匀，则 pH 梯度的线性就越好。要求两性电解质具有缓冲能力强，导电性良好，分子质量小，不干扰被分析的样品等特点。

三、实验仪器、试剂和材料

1. 仪器

①电泳仪。②圆盘电泳槽。③滴管。④吸量管。⑤玻璃棒。⑥小烧杯。⑦单面刀片。⑧直尺。⑨10 cm 长注射器针头。⑩染色缸。⑪pH 计等。

2. 试剂

①丙烯酰胺（Acr）。②甲叉双丙烯酰胺（Bis）。③两性载体（Amphaline）pH 4～10。④0.04 mg/mL 核黄素溶液：称取 4 mg 核黄素，加蒸馏水定容至 100 mL。⑤2 mg/mL 牛血清白蛋白。⑥上电极溶液（＋）：5％磷酸溶液。⑦下电极溶液（－）：5％乙二铵溶液。⑧12％三氯乙酸（TCA）。⑨染色液：250 mg 考马斯亮蓝 G-250 溶于含有 9％冰乙酸、45.5％甲醇和 45.5％水的 100 mL 混合液中。

四、实验步骤

1. 凝胶系统的配制。先将 Acr 和 Bis 称好，用 10 mL 水加热使其溶解，然后按下表比例分别加入其他试剂，最后用水定容至 20 mL。

试　　　剂	用　　　量	比　　　例
Acr	1.6 g	8％
Bis	48 mg	0.24％
核黄素（0.04 mg/mL）	5 mL	0.001％
Amphaline 20％（pH 4～10）	1 mL	1％
牛血清白蛋白（2 mg/mL）	2 mL	0.02％
加水后总体积	20 mL	—

注意：配制好的凝胶贮液要避免强光照射，并且立即进行下一步的制胶工作。

2. 凝胶的聚合。将清洁、干燥的小玻璃管一端用胶布贴封，塞上橡皮塞后垂直放在管架上。用滴管吸取配制好的凝胶贮液，沿小玻璃管管壁小心准确加满。以上所有过程应尽快完成。聚合完毕后在管中应能看到两个明显界面，表明胶体已经凝聚。凝胶的光照聚合受温度的影响，一般为室温 20 ℃左右，如果室温较低或聚合不好，则需要调节温度或核黄素的含量。

3. 聚焦。

（1）凝胶管的安装。取出聚合好的凝胶管，用滴管吸取上电极溶液洗涤管的上端胶面，吸取下电极溶液洗涤管的下端胶面。将管的上端统一插在电泳槽底板的各空心橡皮圈孔中（注意密封）。

（2）加电极溶液。在上、下两电泳槽内分别倒入上、下电极溶液，上槽以电极溶液能完全浸入凝胶管为宜。下槽以凝胶管全部浸入为宜。注意在加注电极溶液时要避免或排除下管口内所留有的气泡。

（3）电泳。将上下电泳槽安装好后，上电极接电源正极，下电极接电源负极，接通电源，调整电流，使起始电流调节在 4 mA/管，在室温下稳压聚焦约 2 h。

注：样品聚焦的程度，可根据电流的变化来判断，在聚焦开始时电流较大，后来由于样品在相应区域的不断聚焦，凝胶管的内阻逐渐加大，因而电流也就逐渐减小，最后维持在一个较小的恒定值，这意味着聚焦已近完毕。

（4）取出凝胶。电泳后倒掉电极缓冲液，取出凝胶管，剥胶（取胶时要注意标记好凝胶柱两端的极性，比如在胶的阳极插上一段硬尼龙丝），分别用蒸馏水洗去两头电极溶液。

（5）凝胶的处理。将取出的凝胶柱置于玻璃上自然摆直，用直尺分别准确量取各凝胶柱的长度，并做对应记录，最后留下一根作测定 pH 曲线用，其余的进行固定、染色（注意：在染色过程中，需首先采用 12% TCA 固定，再用固定液反复浸泡洗涤凝胶 7~8 次，每次约 30 min，以除掉 Amphaline，以免影响下一步染色）。

（6）pH 曲线的测定。将留下的一根凝胶柱置于玻璃板上与直尺对应好，用刀片以阳极为起始段按 0.5 cm 一段顺序切下，切下后，将每一段顺序放入编号的试管中。再依次在管中加进 2 mL 蒸馏水抽提 2 h，抽提后用 pH 计测出每管的 pH（从酸到碱测 pH），然后以 pH 为纵坐标，凝胶长度为横坐标对应作出 pH 曲线。

（7）等电点的测定。将染好色的凝胶柱置于玻璃板上，用直尺以与 pH 曲线相同的起点量取样品带的距离，并再次量取凝胶柱的全长，由于凝胶柱经固定染色后，长度已经发生变化，因此所测定的样品带的长度需校正后，才能使长度与 pH 关系的曲线上对应出与样品等电点相应的 pH。其校正方法如下：

$$L_1 = L_2 \cdot L_3 / L_4$$

式中，L_1 为样品带的实际长度（固定前）；L_2 为样品带经固定后所测出的长度；L_3 为供测 pH 曲线的参考凝胶柱全长；L_4 为经固定染色后的凝胶全长。

五、实验结果

先制作 pH 曲线，然后根据待测蛋白质区带校正长度，最后在 pH 曲线上查得该蛋白质等电点。

六、思考题

1. 为何等电聚焦电泳时电流会逐渐下降而接近于零？
2. 在等电聚焦电泳时，两性电解质载体有何作用？
3. 若配好凝胶后再加血清样品进行电泳，结果是否相同？说明理由。
4. 与醋酸纤维素薄膜电泳比较，聚丙烯酰胺凝胶电泳有何优点？

实验 20 细胞色素 c 的制备及测定

一、实验目的

1. 掌握细胞色素 c 的制备及其含量测定的操作技术和方法。
2. 通过细胞色素 c 的制备，进一步了解制备蛋白质制品的一般原理和步骤。

二、实验原理

细胞色素 c 是一种含铁卟啉基团的蛋白质，作为呼吸链的一个组成部分，它在生物氧化过程中是重要的电子传递体，具有激活细胞呼吸能力的作用。

细胞色素 c 分子质量为 12~13 ku，pH 为 10.8，含铁量为 0.38%~0.43%，其含铁量的多少可作为鉴定细胞色素 c 质量好坏的一个指标。

细胞色素 c 属稳定的可溶性蛋白，易溶于水及酸溶液，对热、酸、碱都较稳定。细胞色素 c 有氧化型和还原型两种类型，氧化型水溶液呈红色，还原型呈桃红色，以还原型较为稳定。氧化型细胞色素 c 在 408 nm、530 nm 有最大吸收峰，还原型细胞色素 c 的最大吸收峰为 415 nm、520 nm 和 550 nm。在 550 nm 处，氧化型细胞色素 c 的摩尔消光系数为 $0.9 \times 10^4/$ (mol·cm)，还原型细胞色素 c 的为 $2.77 \times 10^4/$ (mol·cm)。

(注：摩尔消光系数意为浓度是 1 mol/L 或 1mmol/mL 氧化型的细胞色素 c 通过 1 cm 的光程，其消光值为 0.9×10^4。)

由于细胞色素 c 在心肌组织和酵母中含量丰富，常以此为材料进行分离制备。本实验以猪心为材料，经过酸溶液提取、三氯乙酸沉淀等步骤制备细胞色素 c，并测定其含量。

三、实验仪器、试剂和材料

1. 仪器

①绞肉机。②离心机。③721 型分光光度计。④漏斗。⑤纱布。⑥玻璃棒。⑦透析袋。⑧pH 试纸（6.4~8.0）。

2. 试剂

①10% NaOH 溶液。②20% 三氯乙酸。③ $(NH_4)_2SO_4$ 粉末。④饱和连二亚硫酸钠 $(Na_2S_2O_4 \cdot 2H_2O)$。⑤2.4% 三氯乙酸。⑥10 mmoL/L 铁氰化钾。⑦0.1 moL/L pH7.4 的磷酸缓冲液。

3. 材料

新鲜猪心。

四、实验步骤

1. 细胞色素 c 的制备。

（1）称取 1 kg 剔除脂肪的猪心，绞碎，加入 1 000 mL 2.4% 三氯乙酸，搅匀，室温放置 3 h 进行抽提。

（2）用细纱布挤压过滤，滤液用 10%NaOH 溶液调至 pH7.3，并记录抽提液体积。

（3）取抽提液 8 mL，边搅拌边缓缓加入 $(NH_4)_2SO_4$ 粉末 4.4 g，静置 10 min，于 2 500 r/min 离心 20 min，收集粉红色上清液。

（4）向上清液中加入 20% 三氯乙酸 0.2 mL，沉淀细胞色素 c，迅速于 3 000 r/min 离心 15 min，收集细胞色素 c 沉淀。

（5）将沉淀悬浮于 1.2 mL 蒸馏水中，将此悬浮液装入透析袋，蒸馏水透析 4 h，3 000 r/min 离心 10 min，除去少量暗黄色沉淀，收集红色的细胞色素 c 溶液，测量并记录体积，−15 ℃ 贮存。

2. 细胞色素 c 产量的测定。用上述方法制备的细胞色素 c 溶液是氧化型和还原型的混合液，测定前需加以处理使之成为单一样品。

（1）氧化型细胞色素 c 的消光值 E_1 的测定。按下表加入试剂，用铁氰化钾将混合液中的细胞色素 c 全部转变为氧化型。

试剂 \ 管号	样品（mL）	空白（mL）
0.1 moL/L pH7.4 的磷酸缓冲液	1.9	2.9
适当稀释的细胞色素 c 溶液	1.0	0
10 mmoL/L 铁氰化钾	0.1	0.1

摇匀，550 nm 下比色。

（2）还原型细胞色素 c 的消光值 E_2 的测定。按下表加入试剂，用饱和连二亚硫酸钠将混合液中的细胞色素 c 全部转变为还原型。

试剂 \ 管号	样品（mL）	空白（mL）
0.1 moL/L pH7.4 的磷酸缓冲液	1.9	2.9
适当稀释的细胞色素 c 溶液	1.0	0
饱和连二亚硫酸钠	0.1	0.1

摇匀，550 nm 下比色。

五、实验结果

$$氧化型细胞色素 c 产量（mg）=（E_1/K_1）×M×3×稀释倍数$$
$$还原型细胞色素 c 产量（mg）=（E_2/K_2）×M×3×稀释倍数$$
$$细胞色素 c 产率（mg/kg）=细胞色素 c 产量（mg）/心肌重量（kg）$$

式中，K_1 是氧化型细胞色素 c 的摩尔消光系数为 $0.9×10^4/（mol·cm）$；K_2 是还原型细胞色素 c 的摩尔消光系数为 $2.77×10^4/（mol·cm）$；M 是细胞色素的分子质量为 12.4 ku；3 是比色时溶液的体积。

如果产品较纯，氧化型和还原型的细胞色素 c 的含量应该接近。

六、注意事项

1. 尽可能除掉猪心中的韧带、脂肪和积血。
2. 使用离心机之前，一定要配平。
3. 透析之前要检查透析袋的密封情况。
4. 提取、中和步骤要注意调节 pH。

七、思考题

1. 本实验采用的酸溶液提取，硫酸铵及三氯乙酸沉淀等步骤制备细胞色素 c，各是根据什么原理？
2. 制备细胞色素 c 通常选取动物什么组织？为什么？

实验 21　醋酸纤维素薄膜电泳分离血清蛋白

一、实验目的

1. 了解电泳的一般原理，掌握用醋酸纤维素薄膜电泳分离血清蛋白的定性、定量方法。
2. 了解正常人血清蛋白电泳图谱特征，测定人血清中各种蛋白质的百分比。

二、实验原理

带电颗粒在电场作用下向着与其电性相反的电极移动，称为电泳。蛋白质是两性电解质，在 pH 小于其等电点的溶液中，蛋白质分子带正电，在电场中向负极移动；在 pH 大于其等电点的溶液中，蛋白质分子带负电，在电场中向正极移动。各种蛋白质的氨基酸组分、立体构象、相对分子质量、等电点及形状不同，在电场中的迁移速度不同，故可利用电泳将它们分离。另外，电场强度、溶液的 pH、离子强度及电渗等因素也都会影响蛋白质颗粒在电场中的迁移速度。

在血清中含有清蛋白、α 球蛋白、β 球蛋白、γ 球蛋白和各种脂蛋白等。正常人血清蛋白质的等电点都小于 7.5，在 pH 8.6 的巴比妥缓冲液中带负电荷，在电场中向正极移动，电泳 1 h 左右，染色后可显 5 条区带。清蛋白泳动最快，其余依次为 α_1 球蛋白、α_2 球蛋白、β 球蛋白及 γ 球蛋白。

本实验采用醋酸纤维素薄膜为电泳支持物。醋酸纤维素薄膜具有强透水性，对分子移动无阻力，作为区带电泳的支持物进行蛋白电泳有微量、快速、简便、分辨力高、对样品无拖尾和吸附现象等优点，目前广泛用于血清蛋白、脂蛋白、血红蛋白、糖蛋白和同工酶的分离及测定中。

由于血清蛋白质为无色的胶体颗粒，因此需要用染色的方法来进行观察。现有多种染料可与蛋白质结合，如本实验中所用的氨基黑 10B。电泳结束后，将薄膜浸入染色液中浸泡染色，然后用漂洗液漂洗。漂洗液可洗去薄膜上未与蛋白质结合的染料，但是不能洗去已与蛋白质结合的染料。这样，漂洗之后就可以在薄膜上看到不同的蛋白质处于不同的位置，形成电泳区带。

在一定范围内，蛋白质的量与结合的染料量成正比，因而可以进行定量分析。本实验中将醋酸纤维素薄膜上各蛋白质区带剪下，分别用 0.4 mol/L NaOH 溶液将蛋白质浸洗下来，用比色法测定其相对含量。也可以将染色后的薄膜直接用光密度计扫描测定其相对含量。

三、实验仪器、试剂和材料

1. 仪器

①电泳仪。②电泳槽。③醋酸纤维素薄膜。④点样器或盖玻片。⑤滤纸。⑥剪刀。⑦镊子。⑧分光光度计。⑨直尺。⑩铅笔。

2. 试剂

①电极缓冲液：巴比妥-巴比妥钠缓冲液（pH 8.6），称取巴比妥 1.66 g 和巴比妥钠 12.76 g，溶于少量蒸馏水后定容至 1 000 mL。②染色液：称取氨基黑 10B 0.5 g，加入蒸馏水 40 mL、甲醇 50 mL 和冰醋酸 10 mL。混匀，贮存于试剂瓶中。③漂洗液：取 95％乙醇

45 mL、冰醋酸 5 mL 和蒸馏水 50 mL，混匀。④透明液：甲液，取冰醋酸 15 mL 和无水乙醇 85 mL，混匀；乙液，取冰醋酸 25 mL 和无水乙醇 75 mL，混匀。⑤洗脱液：0.4 mol/L NaOH 溶液。

3. 材料

新鲜血清（无溶血现象）。

四、实验步骤

1. 仪器和薄膜的准备。

（1）醋酸纤维素薄膜的湿润和选择。将薄膜（规格 2 cm×8 cm）漂在缓冲液液面上。若迅速湿润后，整条薄膜的颜色一致而无白色斑点，则表明薄膜质地均匀（实验中应选择质地均匀的薄膜）。若薄膜润湿缓慢，有白色条纹或斑点等，则表示薄膜厚薄不均匀应弃去，以免影响电泳结果。然后用竹夹或镊子轻轻地将薄膜完全浸入缓冲液中，待薄膜完全浸透后使用，一般至少需要浸泡 20 min 才行。

（2）制作电桥。将电极缓冲液倒入水平电泳槽的两边，使两个电极槽内的液面等高（可用虹吸管平衡两边的液面）。根据电泳槽的纵向尺寸，在两个电极槽分别放入四层纱布（或滤纸），一端浸入缓冲液中，另一端则贴在电泳槽的支架上（用缓冲液将滤纸全部润湿并驱除气泡，使滤纸紧贴在支架上，即为滤纸桥）。它们作为联系薄膜与两个电极缓冲液之间的中间"桥梁"。

2. 点样。将充分浸透缓冲液的薄膜条取出，用滤纸吸去多余缓冲液。识别出光泽面与无光泽面，用盖玻片边缘蘸取少量血清样品，在无光泽面距离膜一端 1.5 cm 处点样，稍停 3～5 s，使血清渗入薄膜。

3. 电泳。待样品渗入膜内后，用镊子将薄膜的无光泽面（即点样一面）反扣在电泳槽上正、负极的纱布或滤纸上，使薄膜的点样端位于负极，而另一端位于正极，且薄膜要绷紧，中央不出现凹面。

平衡 10 min 后，打开电泳仪开关，调节电流为 0.4～0.6 mA/cm（膜宽）、电压为 90～150 V，电势梯度为 10～12 V/cm（膜长），电泳 40～60 min。

4. 染色与漂洗。电泳完毕后，切断电源，将薄膜直接浸于氨基黑 10 B 染色液中，3～5 min 后取出，然后用漂洗液浸洗，连续 3 次，使背景颜色脱去，夹在滤纸中吸干。

5. 结果判断。一般经漂洗后，薄膜上可呈现清晰的 5 条区带，由正极端起，依次为清蛋白、α_1 球蛋白、α_2 球蛋白、β 球蛋白和 γ 球蛋白。

6. 透明。将用滤纸吸干的醋酸纤维素薄膜浸入透明液的甲液中，2 min 后立即取出，再将其浸入透明液的乙液中，准确浸泡 1 min 后，迅速取出薄膜，并将其紧贴在玻璃板上，赶走气泡。2～3 min 内薄膜完全透明。待干后置于切片盒中，可长期保存。

7. 定量分析。可利用洗脱法或光密度扫描法，测得各蛋白质组分的百分比。

（1）洗脱法。将漂洗干净而未透明的电泳图谱的各区带剪下，并剪一段无蛋白质区带的同等大小薄膜作为空白，分别浸于盛有 0.4 mol/L NaOH 溶液的试管中（清蛋白试管中为 4 mL，其余各试管中均为 2 mL）。摇匀，放入 37 ℃的水浴中保温 30 min，每隔 10 min 摇动 1 次，然后以无蛋白质区带的试管为空白调"0"，在 620 nm 波长处进行比色测定。设所测得的各试管光密度值分别为 OD_A、OD_{α_1}、OD_{α_2}、OD_β 和 OD_γ，按下列方法计算血清中各种蛋白质所占的百分比。

①先计算光密度值总和（T）。

$$T=2\times OD_A+OD_{\alpha_1}+OD_{\alpha_2}+OD_\beta+OD_\gamma$$

②再计算血清中各种蛋白质所占的百分比。

$$清蛋白的百分比=2\times OD_A/T\times100\%$$
$$\alpha_1\,球蛋白的百分比=OD_{\alpha_1}/T\times100\%$$
$$\alpha_2\,球蛋白的百分比=OD_{\alpha_2}/T\times100\%$$
$$\beta\,球蛋白的百分比=OD_\beta/T\times100\%$$
$$\gamma\,球蛋白的百分比=OD_\gamma/T\times100\%$$

（2）吸光度扫描法。将已透明好的薄膜电泳图谱放入自动扫描吸光度计内。在记录仪上自动绘出血清蛋白质各组分曲线图，以横坐标为薄膜长度，纵坐标为吸光度，每个峰代表一种蛋白质组分，然后用求积仪测量出各峰的面积。或者剪下各峰，称其质量，按下式计算出血清中各蛋白质的百分比。

$$清蛋白的百分比=m_清/m_总\times100\%$$
$$\alpha_1\,球蛋白的百分比=m_{\alpha_1}/m_总\times100\%$$
$$\alpha_2\,球蛋白的百分比=m_{\alpha_2}/m_总\times100\%$$
$$\beta\,球蛋白的百分比=m_\beta/m_总\times100\%$$
$$\gamma\,球蛋白的百分比=m_\gamma/m_总\times100\%$$

式中，$m_总$ 为 5 个峰的面积或质量之和，$m_清$、m_{α_1}、m_{α_2}、m_β 和 m_γ，分别代表清蛋白、α_1 球蛋白、α_2 球蛋白、β 球蛋白和 γ 球蛋白峰面积或质量。

五、思考题

1. 为什么将血清样品点在滤纸条的负极端，而不点在正极端？
2. 若点样量过大，染色后会得到什么结果？
3. 采用醋酸纤维素薄膜电泳分离血清蛋白质应注意什么？

实验 22　谷类作物种子中赖氨酸含量的测定

一、实验目的

学习掌握茚三酮显色法测定谷类作物种子中赖氨酸含量的原理、方法及技术。

二、实验原理

蛋白质中赖氨酸（lysine，Lys）的含量是谷物品质的主要指标之一。谷物蛋白中赖氨酸残基上自由的 $\varepsilon-NH_2$ 与茚三酮（ninhydrin）试剂可发生颜色反应，生成紫红色化合物，且颜色深浅与赖氨酸残基的数目正相关，通过比色分析（530 nm），即可测出样品中赖氨酸的含量。

亮氨酸所含碳原子数目与赖氨酸相同，且只含有一个游离氨基，这与肽链中赖氨酸残基的氨基情况相同，所以可以利用亮氨酸制备标准曲线。由于这两种氨基酸的分子质量不同，以亮氨酸为标准测定谷物蛋白内赖氨酸的含量时，应乘以分子质量的校正系数 1.151 5，并最后减掉样品中游离氨基酸的含量。

三、实验仪器、试剂和材料

1. 仪器

①752 型分光光度计。②恒温水浴锅。③试管。④圆头玻璃棒（圆头大小要与试管大小配套）。⑤三角瓶。⑥漏斗。

2. 试剂

①甲酸-甲酸钠缓冲溶液（取 30 g 甲酸钠，溶解于约 60 mL 热蒸馏水中，加入 10 mL 88％甲酸，最后加水到 100 mL）。②茚三酮试剂：称取 1 g 茚三酮和 1 g 氯化镉（CdCl$_2$·H$_2$O），加入 25 mL 甲酸-甲酸钠缓冲溶液和 75 mL 乙二醇，室温下放置 1 d，第 2 天使用。若出现沉淀，则过滤后使用。③4％碳酸钠溶液 50 mL。④95％乙醇。⑤标准亮氨酸溶液：准确称取 5 mg 亮氨酸，溶于 1 mL 0.5 mol/L 盐酸，待溶解后定容至 50 mL，该亮氨酸溶液标准浓度为 100 μg/mL。

3. 材料

脱脂玉米粉：玉米粉放入广口瓶内，加入沸程 60～90 ℃的石油醚，使其淹过粉面，浸泡 8 h，不时搅动进行脱脂。然后过滤，并用石油醚淋洗沉淀若干次，弃去滤液。将脱脂玉米粉晾在干净的滤纸上，置阴凉通风处吹干石油醚。收集干粉，置干燥器内，保存备用。

四、实验步骤

1. 绘制标准曲线。取 6 只试管编号，按照下表加入试剂。

试剂 ＼ 管号	1	2	3	4	5	6
亮氨酸标准液（mL）	0	0.2	0.4	0.6	0.8	1.0
蒸馏水（mL）	1.0	0.8	0.6	0.4	0.2	0
亮氨酸（μg）	0	20	40	60	80	100
4％ Na$_2$CO$_3$（mL）	1	1	1	1	1	1
茚三酮试剂（mL）	2	2	2	2	2	2

摇匀，80 ℃水浴中显色 30 min，流动水冷却，再各加 95％乙醇 5 mL。摇匀后在 530 nm 下比色，以吸光度为纵坐标，亮氨酸含量为横坐标，绘制标准曲线，并给出线性方程及 R 值。

2. 样品的测定。准确称取 2 份脱脂玉米粉 300 mg，放入 100 mL 三角瓶中，加入约 300 mg 细石英砂和 10 mL 4％碳酸钠溶液，用圆头玻璃棒充分搅拌 2 min，放入 80 ℃恒温水浴中，提取 10 min（过程中应常搅动）。取 2 只干净试管，各加 2 mL 提取液、2 mL 茚三酮试剂，混匀，放入 80 ℃恒温水浴中保温显色 30 min，取出后，立即放入流动水中冷却，各加 95％乙醇 5 mL。摇匀后过滤，滤液在 530 nm 下比色。若样品颜色过深，可取一定量的滤液用 95％乙醇稀释后比色。

五、实验结果

根据样品的吸光度在标准曲线上查出相对应的亮氨酸含量，按下列公式计算：

赖氨酸含量＝$[G \times n \times 100 \times 1.151\,5 / (w \times 10^3)] - a$

式中，G 为在标准曲线上查得的亮氨酸含量（μg）；n 为稀释倍数；w 为样品重（mg）；a 为样品中游离氨基酸含量（玉米中游离氨基酸含量约为 0.01%）。

六、思考题

1. 简述测定谷物样品中赖氨酸含量的意义？
2. 在实验过程中应注意哪些事项？
3. 测定赖氨酸含量为什么用亮氨酸做标准曲线？

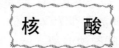

核　　酸

实验 23　酵母 RNA 的提取——浓盐法

一、实验目的

了解并掌握使用浓盐法从酵母中提制 RNA 的原理和方法，以加深对 RNA 性质的认识。进一步巩固和熟练分光光度计和离心机的使用。

二、实验原理

RNA 的种类较多，来源也比较广泛，因而分离提取方法也各异。目前在工业生产上常用的是稀碱法和浓盐法提取 RNA。稀碱法是利用稀碱裂解细胞壁，使 RNA 释放出来，这种方法提取时间短，但 RNA 在此条件下不稳定，容易分解；浓盐法是在加热的条件下，利用高浓度的盐改变细胞膜的透性，使 RNA 释放出来，此法易掌握，产品质量较好。

酵母含 RNA $2.67\%\sim10.0\%$，而 DNA 的含量仅为 $0.03\%\sim0.516\%$，并且菌体容易收集，RNA 也易于分离，为此提取 RNA 常常选用酵母为实验材料。

在 RNA 提制过程中首先要破坏酵母细胞壁，使 RNA 从细胞中释放，然后通过离心将 RNA 与蛋白质和菌体分离。再根据核酸在等电点时溶解度最小的性质，将上清液的 pH 调至 $2.0\sim2.5$，使 RNA 沉淀，进行离心收集。

三、实验仪器、试剂和材料

1. 仪器

①量筒（50 mL）。②三角瓶（100 mL）。③烧杯（50 mL，10 mL）。④15 mL 离心管。⑤布氏漏斗（40 mm）。⑥吸滤瓶（125 mL）。⑦751 型分光光度计。⑧离心机（4 000 r/min）。⑨恒温水浴。⑩精密分析天平。⑪烘箱。⑫滤纸。⑬pH 0.5～5.0 的精密试纸。

2. 试剂

①NaCl。②6 mol/L HCl 溶液。③95％乙醇。

3. 材料

干酵母粉。

四、实验步骤

1. 提取。称取干酵母粉 2.5 g、NaCl 2.5 g，倒入 100 mL 三角瓶中，加水 25 mL，搅拌均匀，置于沸水浴中提取 1 h。

2. 分离。将上述提取液用自来水冷却后，装入 15 mL 离心管内，以 4 000 r/min 离心 10 min，使提取液与菌体残渣等分离。

3. 沉淀 RNA。将离心得到的上清液转移到预先用冰水浴冷却的 50 mL 烧杯内，待冷却至 10 ℃ 以下时，用 6 mol/L HCl 溶液调节上清液的 pH 至 2.0～2.5（注意严格控制 pH）。pH 调节完成后继续于冰水中静置 10 min，使其沉淀完全。

4. 洗涤和抽滤。将上述悬浮液再次转移到 15 mL 离心管内，以 4 000 r/min 离心 10 min，得到 RNA 沉淀。将沉淀物放在 10 mL 小烧杯内，用 95％乙醇 5～10 mL 充分搅拌洗涤。

从 80 ℃ 烘箱内取出预先干燥好的滤纸，用分析天平称重，记为 m_1；然后把称重好的滤纸平铺于布氏漏斗上，用射水泵抽气过滤，再用 95％乙醇 5～10 mL 淋洗 3 次。

5. 干燥。从布氏漏斗上取下表面带有过滤沉淀物的滤纸，置于 80 ℃ 烘箱内干燥10 min，之后用分析天平对干燥好的滤纸及其表面的过滤沉淀物进行称重，记为 m_2。m_2 与 m_1 之间的差即为 RNA 制品的重量。

五、实验结果

RNA 提取率计算公式如下：

$$RNA \ 提取率 = \frac{RNA \ 含量 \times RNA \ 制品重量（g）}{酵母重量（g）} \times 100\%$$

六、注意事项

1. 用浓盐法提取 RNA 时应注意控制温度，避免在 20～70 ℃ 停留时间过长，因为在此温度范围内磷酸二酯酶和磷酸单酯酶活性比较强，会导致 RNA 降解而使得提取率下降。

2. 提取过程中温度升高至 90～100 ℃ 会使蛋白质变性，使磷酸二酯酶和磷酸单酯酶失活，有利于 RNA 的提取。

七、思考题

1. RNA 提取过程中为什么要在沸水浴中进行？

2. 为什么要选择酵母为实验材料？

3. 为什么要将溶液 pH 调至 2.0～2.5？

实验 24　DNA 的羟基磷灰石柱层析

一、实验目的

学习和掌握采用羟基磷灰石柱分离单链和双链 DNA 分子的原理和方法。

二、实验原理

羟基磷灰石为碱性磷酸钙 $Ca_{10}(PO_4)_6(OH)_2$ 结晶,可广泛用于蛋白质和核酸的层析分离。由于核酸的磷酸基可与羟基磷灰石的钙离子作用,从而被吸附于羟基磷灰石上,这种吸附力不太受分子质量大小的影响。双链核酸分子比较僵硬,其磷酸基有效地分布在表面,而变性的或单链的核酸分子较柔软并呈无规则状态;因此,双链 DNA 的吸附力比单链强,双链 DNA 的吸附力比双链 RNA 强,而 DNA-RNA 杂交分子的吸附力则介于两者之间。总之,羟基磷灰石对于刚性有序结构的大分子的亲和力大于柔性的无序结构的大分子。用它分离天然生物大分子与变性生物大分子常可得到满意的结果。

双链和单链 DNA 可借助不同浓度磷酸盐缓冲液洗脱而被分开。0.12 mol/L 磷酸盐缓冲液可洗脱单链 DNA,而双链 DNA 则需要 0.4 mol/L 磷酸盐缓冲液洗脱。

羟基磷灰石对于核酸的分辨率与其晶体大小有关。均一的、大的晶体羟基磷灰石流速快,而粉末状的羟基磷灰石分辨率高,但流速慢。1 g 干重的晶体羟基磷灰石吸水后湿体积 2.5~3.5 mL,可吸附 DNA 700 µg。羟基磷灰石具有承载量大、重复性好、回收率高、使用广泛等优点,它是目前常用的核酸层析介质之一。

三、实验仪器、试剂和材料

1. 仪器

①层析柱（1 cm×10 cm）。②合适的夹层玻璃套柱。③超级恒温水浴。④部分收集器。⑤紫外分光光度计。⑥紫外检测仪。

2. 试剂

①羟基磷灰石:HA-Ⅱ型干粉。②0.12 mol/L、0.4 mol/L、1 mol/L,pH6.8 磷酸盐缓冲液。

3. 材料

可采用商品 DNA 或自己提取的 DNA。

四、实验步骤

1. 羟基磷灰石的选择和处理。羟基磷灰石是以干粉保存的,因此在使用前必须将干粉浸泡于 0.12 mol/L,pH6.8 磷酸盐缓冲液或蒸馏水中。放置在室温下,最好过夜,使之充分吸水溶胀,然后才能使用。当市售的羟基磷灰石颗粒大小不均一时,可在浸泡时用悬浮法将不易下沉的细微颗粒悬浮除去。注意,悬浮时勿用力搅拌,以免打碎羟基磷灰石结晶,因为羟基磷灰石为片状晶体,刚性、易碎。破碎的结晶装柱后流速极慢。处理好的羟基磷灰石置真空干燥器中抽气,以除尽颗粒中的空气。

2. 层析柱的安装。取内径 1 cm,高 10 cm 玻璃管柱,下端橡皮塞中央插入一玻璃滴管供洗脱液流出,橡皮塞上盖以尼龙薄绢以防羟基磷灰石流出(可用烧结玻璃 3 号砂板做底)。选用合适的夹层玻璃柱,柱的进水口和出水口分别用乳胶管与超级恒温水浴相连,通以 60 ℃的温水。

3. 装柱及平衡。装柱方法与一般层析法相似,夹住出口,先注入一半床体积的

0.12 mol/L，pH6.8 磷酸盐缓冲液，将浸泡的羟基磷灰石上面多余的溶剂倾出，然后将羟基磷灰石通过小漏斗倒入柱内，静置，使羟基磷灰石依靠重力自然沉降于柱子底部，当达到 1 cm 左右高度时，打开柱子底部的出口夹，使缓冲液自然滴下。注意勿使羟基磷灰石柱内出现气泡或空隙。先用 0.12 mol/L，pH6.8 磷酸盐缓冲液 60 ℃下进行洗涤，收集洗涤液，在紫外分光光度计上测 260 nm 处的吸光度，待洗涤液中不含紫外吸收物质（吸光度低于 0.020）时，再用 0.4 mol/L，pH6.8 磷酸盐缓冲液洗涤，同样检查至无紫外吸收，最后用 0.12 mol/L，pH6.8 磷酸盐缓冲液平衡。也可将柱子的下端出口连接至紫外检测仪上，在 260 nm 波长下进行吸光度的检测。

4. 上样及洗脱。上样量掌握在 1 g 羟基磷灰石，勿超过 500 μg 样品。将样品液加到柱床上，然后先加入 0.12 mol/L，pH6.8 磷酸盐缓冲液，在 60 ℃恒温下洗脱单链部分。收集 A_{260} 的峰值部分，并记下体积，在 260 nm 下进行吸光度测定。然后用 0.4 mol/L，pH6.8 磷酸盐缓冲液在 60 ℃恒温下洗脱双链部分，收集 A_{260} 的峰值部分，记录洗脱体积，在 260 nm 下进行吸光度测定。

洗脱过程中可保持 30～50 cm 水柱高的液体静压力，或用微量蠕动泵控制流速在 0.3～0.35 mL/min，流速不能太快，以保证有一定时间使核酸分子与羟基磷灰石之间达到吸附平衡，防止洗脱峰扩散。

五、实验结果

洗脱曲线的绘制。

将 0.12 mol/L、0.4 mol/L 磷酸盐缓冲液洗脱的峰值部分体积分别记录，并测定在 260 nm 下的吸光度（注意：单链 DNA 具有紫外增色效应）。

六、思考题

1. 在羟基磷灰石柱上采用不同强度的缓冲液分离单链 DNA 和双链 DNA 分子的原理。
2. 洗脱过程中为何流速要保持在 0.3～0.35 mL/min。

实验 25　醋酸纤维素薄膜电泳分离核苷酸

一、实验目的

学习核糖核酸碱解的原理和方法，掌握核糖核苷酸的醋酸纤维素薄膜电泳的原理和方法。

二、实验原理

RNA 在稀碱条件下水解，先形成中间物 2′，3′-环状核苷酸，进一步水解得到 2′-核苷酸和 3′-核苷酸的混合物。

在 pH 3.5 时，各核苷酸的第一磷酸基（pK 0.7～1.0）完全解离，第二磷酸基（pK 6.0）和稀醇基（pK 9.5 以上）不解离，而含氮环的解离程度差别很大（见下表）。因此，在 pH 3.5 条件下进行电泳可将这四种核苷酸分开。

核苷酸	含氮环的 pK 值	离子化程度	净负电荷
AMP	3.70	0.54	0.46
GMP	2.30	0.05	0.95
CMP	4.24	0.84	0.16
UMP	—		1.00

本实验先用稀氢氧化钾溶液将 RNA 水解，再加高氯酸将水解液调至 pH 3.5，同时生成高氯酸钾沉淀以除去 K^+，然后用薄膜电泳的方法分离水解液中各核苷酸，并在 254 nm 的紫外灯下确定 RNA 碱水解液的电泳图谱。

三、实验仪器、试剂和材料

1. 仪器

①电热恒温水浴锅。②紫外分析灯（波长为 254 nm）。③点样器。④离心机。⑤电泳仪和电泳槽。⑥醋酸纤维薄膜（2 cm×8 cm）。

2. 试剂

①100 mL 0.3 mol/L 氢氧化钾溶液。②40 mL 200 g/L 高氯酸溶液。③1 000 mL 0.02 mol/L pH 3.5 柠檬酸缓冲液。

3. 材料

4 g 核糖核酸（粉末）。

四、实验步骤

1. RNA 的碱水解。称取 0.2 g RNA，溶于 5 mL 0.3 mol/L 氢氧化钾溶液中，使 RNA 的浓度达到 20～30 mg/mL。在 37 ℃下保温 18 h（或沸水浴 30 min）。然后将水解液转移到锥形瓶内，在水浴中用高氯酸溶液滴定至水解液的 pH 为 3.5。2 000 r/min 离心 10 min，除去沉淀，上清液即为样品液。

2. 点样。将醋酸纤维素薄膜在 pH3.5 的 0.02 mol/L 柠檬酸缓冲液中浸湿后，用滤纸吸去多余的缓冲液。然后将膜条的无光泽面向上平铺在玻璃板上，用点样器在距膜条一端 2～3 cm 处点样。

3. 电泳。将点好样的薄膜小心地放入电泳槽内，注意点样的一端应靠近负极。调节电压至 160 V，电流强度为 0.4 mA/cm，电泳 25 min。

五、实验结果

电泳后，将膜条放在滤纸上，在紫外分析灯的 254 nm 光照射下观察，用铅笔将吸收紫外光的暗斑圈出。在记录本上绘出 RNA 水解液的醋酸纤维素薄膜电泳图谱，并根据附表中的数据分析确定各斑点代表哪种核苷酸。

六、注意事项

1. 点样时，在膜条无光泽面点样，且点样量适中。
2. 电泳时，膜条的点样端要靠近负极，且应避免样品与电极接触。

七、思考题

1. 为什么点样要点在膜条无光泽的一端？
2. 为什么在 pH 3.5 时进行电泳分离核苷酸的效果最好？

实验 26 单核苷酸的离子交换柱层析分离

一、实验目的

学习和掌握核苷酸的离子交换柱层析原理和操作方法。

二、实验原理

离子交换层析（ion exchange chromatography）是以离子交换剂为固定相，依据流动相中的组分离子与交换剂上的平衡离子进行可逆交换时的结合力大小的差别而进行分离的一种层析方法。

本实验采用阳离子交换树脂分离四种核苷酸。在 pH 1.5 时，核苷酸的磷酸基大部分解离带负电荷。UMP 因无氨基，所以其净电荷为负值，不与阳离子交换树脂吸附，洗脱时直接流出来，而 AMP、CMP、GMP 有氨基，在此 pH 条件下解离带正电荷，分子的净电荷为正值，被阳离子交换树脂吸附。在 pH 2～5 之间各种核苷酸氨基的 pK 值不同，净电荷产生明显的差异。因此，当用无离子水进行洗脱时，离子交换柱的 pH 逐渐增大，便可将它们分开。根据各种核苷酸氨基的 pK 值，理论上的洗脱次序应是 UMP、GMP、AMP、CMP，而实际的分离顺序是 UMP、GMP、CMP、AMP，这是由于应用聚苯乙烯树脂为交换剂时，树脂对嘌呤碱的吸附能力大于对嘧啶碱的吸附能力（非极性吸附），电荷及非极性吸附综合作用的结果，致使 AMP 和 CMP 的洗脱位置发生互换。

核苷酸混合样品上柱后用蒸馏水洗脱，UMP 最先洗出，以后随着流出液 pH 逐步升高，GMP 和 CMP 分别相继洗下，再经一段较长的无核苷酸空白区，AMP 才最后流出。为缩短整个洗脱过程，可以在 UMP、GMP 和 CMP 洗下后，换用 3% NaCl 作洗脱液，增加竞争性离子强度，减弱树脂的吸附作用，使 AMP 提前洗出。

三、实验仪器、试剂和材料

1. 仪器
①恒流泵。②核酸蛋白检测仪。③部分收集器。④记录仪。⑤酸度计。⑥层析柱（1 cm×10 cm）。⑦500 mL 贮液瓶 2 个。

2. 试剂
①3% NaCl。②聚苯乙烯-二乙烯苯磺酸型阳离子交换树脂。③1 mol/L NaOH。④1 mol/L HCl。⑤0.03 mol/L HCl。

3. 材料
5'-AMP、5'-GMP、5'-CMP 和 5'-UMP 混合液（各 1 mg/mL）。

四、实验步骤

1. 离子交换树脂的前处理。新树脂先用水浸泡 2 h，浮选除去细小颗粒，用 1 mol/L NaOH 浸泡 1 h，再用蒸馏水洗涤到近中性；以 1 mol/L HCl 浸泡 1 h，再以蒸馏水洗涤到近中性，待用。

2. 装柱。垂直固定好层析柱，在经过前处理的树脂中加入少量蒸馏水，搅匀，缓缓地加到柱内，然后打开下端活塞或止水夹，边排水边继续加树脂（注意切勿使树脂床面暴露于空气中），直至树脂床高度达层析柱的 3/5～4/5。要求柱内均匀无气泡，无明显界面，床面平整。柱子装好后，需用蒸馏水流过一段时间。

3. 安装仪器。安装、调试好恒流泵、部分收集器、核酸蛋白检测仪、记录仪等备用。

4. 加样及洗脱。加样前，层析柱先用 0.03 mol/L HCl 流过，直至流出液 pH 达到 1.5。将树脂床表面多余液体用滴管轻轻吸去，再用滴管沿柱壁缓缓加入适量样品（注意不要扰动床面），打开层析柱下端活塞或止水夹，样品入床后，立即用少量蒸馏水将层析柱内表面黏附的样品洗下，再在床表面加 2～3 cm 深的蒸馏水，戴上柱帽用恒流泵加洗脱液（蒸馏水），用部分收集器进行分部收集，核酸蛋白检测仪（波长 254 nm）检测结果，在记录仪上自动绘出洗脱和出峰曲线。当 3 个峰出完后，换用 3％NaCl 继续洗脱至第 4 个峰（AMP）出完，记录笔回到基线。

5. 柱再生。最后用 0.03 mol/L HCl 过柱，待流出液 pH 达到 1.5 时，柱子已经再生，可以重复利用。

五、实验结果

根据出峰时间，可确定四种核苷酸的收集高峰管。可用电泳或薄层层析鉴定其种类是否与本实验一致。

六、思考题

1. 层析柱装填时应注意哪些问题？
2. 离子交换柱层析分离核苷酸的原理是什么？

酶

实验 27　淀粉酶活力的测定

一、实验目的

学习并掌握淀粉酶（包括 α 淀粉酶和 β 淀粉酶）活力测定的基本原理和操作方法，进一步巩固和熟练分光光度计的使用。

二、实验原理

淀粉酶在植物中广泛存在，特别是在禾谷类种子萌发之后，淀粉酶的活力最强。淀粉酶主要包括 α 淀粉酶和 β 淀粉酶两种，均可作用于淀粉生成葡萄糖、麦芽糖、麦芽三糖等不同的还原糖。淀粉酶催化产生的还原糖能使 3,5-二硝基水杨酸还原，生成棕红色的 3-氨基-5-硝基水杨酸，颜色的深浅与参与反应的还原糖的量成正比，淀粉酶活力的大小也与产生的还原糖的量正相关，因此可以用 3,5-二硝基水杨酸法测定淀粉酶的活力。用标准浓度的麦芽糖溶液制作标准曲线，用比色法测定淀粉酶作用于淀粉后生成的还原糖的量，以单位重量样品在一定时间内生成的麦芽糖的量表示酶活力。

本实验所制备的酶液是 α 淀粉酶和 β 淀粉酶的混合液。这两种淀粉酶都可以水解淀粉产生还原糖，但它们具有不同理化特性，α 淀粉酶耐热而不耐酸，pH 3.6 以下可使其迅速钝化；β 淀粉酶与 α 淀粉酶的理化性质相反，耐酸而不耐热，在 70 ℃ 恒温 15 min 就可使其钝化。我们可先采用加热的方法钝化 β 淀粉酶，测出 α 淀粉酶的活力，再在非钝化条件下测得总淀粉酶（α 淀粉酶＋β 淀粉酶）的活力，再减去 α 淀粉酶的活力，即得 β 淀粉酶的活力。

三、实验仪器、试剂和材料

1. 仪器

①天平。②研钵。③100 mL 容量瓶。④15 mL 离心管。⑤15 mL 带有刻度的试管。⑥试管架。⑦离心机。⑧水浴锅。⑨721 型分光光度计。

2. 试剂（均为分析纯）

①1% 淀粉溶液。②0.4 mol/L NaOH 溶液。③3,5-二硝基水杨酸溶液：精确称取 1 g 3,5-二硝基水杨酸溶于 20 mL 1 mol/L NaOH 溶液中，加入 50 mL 蒸馏水，再加入 30 g 酒石酸钾钠，待溶解后用蒸馏水定容至 100 mL，密封贮存，避免 CO_2 进入。④0.1 mol/L pH 5.6 柠檬酸缓冲液：A 液（0.1 mol/L 柠檬酸），称取柠檬酸 20.01 g，定容至 1 000 mL；B 液（0.1 mol/L 柠檬酸钠），称取柠檬酸钠 29.41 g，定容至 1 000 mL。量取 A 液 13.7 mL，B 液 26.3 mL，混匀即为 0.1 mol/L pH 5.6 柠檬酸缓冲液。⑤麦芽糖标准液（1 mg/mL）：精确称取 0.100 g 麦芽糖，溶于少量蒸馏水，定容至 100 mL。⑥石英砂。

3. 材料

萌发 3 d 的小麦芽（麦芽约 1 cm 长）。

四、实验步骤

1. 酶液制备。称取 2 g 小麦芽置于研钵内，加入少量蒸馏水和石英砂，研磨至匀浆状，蒸馏水定容至 100 mL。隔数分钟震荡 1 次，提取 20 min，将悬浮液转移到 15 mL 离心管内，以 4 000 r/min 离心 10 min，上清液备用。

2. α 淀粉酶活力测定。如下表加入各试剂：

管号 试剂	对照管 1	对照管 2	测定管 1	测定管 2
酶液（mL）	1	1	1	1
	70 ℃水浴加热 15 min，钝化 β 淀粉酶，流水冷却			
0.4 mol/L NaOH（mL）	4	4		
0.1 mol/L pH5.6 柠檬酸缓冲液（mL）	1	1	1	1
	40 ℃水浴保温 15 min			
1％淀粉液（40 ℃预热）（mL）	2	2	2	2
	40 ℃水浴保温 5 min，准确计时			
0.4 mol/L NaOH（mL）			4	4

反应完成后，准备测定所产生还原糖的量。

3. 总淀粉酶（α 淀粉醇＋β 淀粉醇）活力测定。重复 α 淀粉酶活力测定的操作步骤，以稀释 10 倍的酶液代替原酶液，略去"70 ℃水浴加热 15 min，钝化 β 淀粉酶"的一步，反应完成后准备测产生还原糖的量。

4. 麦芽糖含量的测定。

（1）麦芽糖标准曲线的制作。取 7 支洁净的 15 mL 带有刻度的试管，编号，按下表加入试剂。

管号 试剂	1	2	3	4	5	6	7
麦芽糖含量（mg）	0	0.2	0.6	1.0	1.4	1.8	2.0
麦芽糖标准液（mL）	0	0.2	0.6	1.0	1.4	1.8	2.0
蒸馏水（mL）	2.0	1.8	1.4	1.0	0.6	0.2	0
3，5-二硝基水杨酸溶液（mL）	2.0	2.0	2.0	2.0	2.0	2.0	2.0

摇匀，沸水浴煮沸 5 min，流水冷却，加入蒸馏水定容至 15 mL，再摇匀。1 号管作为空白，在 520 nm 波长下比色，记录吸光度。以麦芽糖含量为横坐标，吸光度为纵坐标，绘制标准曲线。

（2）样品的测定。取操作步骤 2，3 中酶作用后的各管反应溶液 2 mL，按下表放入试剂到相应的 8 支 15 mL 带有刻度的试管中，再加入蒸馏水和 3，5-二硝基水杨酸溶液。

管号		α 淀粉酶				总淀粉酶（α 淀粉酶＋β 淀粉酶）			
	参比	对照管 1	对照管 2	测定管 1	测定管 2	对照管 1	对照管 2	测定管 1	测定管 2
反应液（mL）	0	2	2	2	2	2	2	2	2
蒸馏水（mL）	2	0	0	0	0	0	0	0	0
3，5-二硝基水杨酸溶液（mL）	2	2	2	2	2	2	2	2	2

摇匀，沸水浴煮沸 5 min，流水冷却，加入蒸馏水定容至 15 mL，再摇匀。参比管作为空白，在 520 nm 波长下比色，记录吸光度。根据样品比色吸光度从标准曲线查出相应麦芽糖的含量，最后进行结果计算。

五、实验结果

$$\alpha \text{淀粉酶活力} \left[\text{mg/} \left(\text{g} \cdot \text{min} \right) \right] = \frac{(\overline{A} - \overline{A_0}) \times V_T}{W \times V_U \times 5}$$

$$\text{总淀粉酶活力} \left[\text{mg/} \left(\text{g} \cdot \text{min} \right) \right] = \frac{(\overline{B} - \overline{B_0}) \times V_T}{W \times V_U \times 5}$$

式中，$\overline{A}$ 为 α 淀粉酶水解淀粉生成的麦芽糖（mg）；$\overline{A_0}$ 为 α 淀粉酶对照管中麦芽糖（mg）；$\overline{B}$ 为总淀粉酶水解淀粉生成的麦芽糖（mg）；$\overline{B_0}$ 为总淀粉酶对照管中麦芽糖（mg）；V_T 为样品稀释总体积（mL）；V_U 为比色时所用样品液体积（mL）；W 为样品重（g）。

六、注意事项

1. 酶反应时间的准确性。
2. 酶反应温度的准确性。
3. 麦芽糖含量测定时，加入蒸馏水定容至 15 mL 后一定要摇匀才能测定吸光度。

七、思考题

1. α 淀粉酶和 β 淀粉酶性质有何不同？作用特点有何不同？
2. 淀粉酶活力测定实验中，为什么要强调时间的一致性？

实验 28 酶的基本性质

一、实验目的

酶是生物催化剂，是生物体内具有催化功能的蛋白质，生物体内的化学反应基本上都是在酶的催化下进行的。通过本实验了解酶催化的高效性、特异性以及 pH、温度、抑制剂和激活剂对酶活力的影响，对于进一步了解代谢反应及其调控机理具有十分重要的意义。

二、实验原理

1. 过氧化氢酶广泛分布于生物体内，能将代谢中产生的有害机体的 H_2O_2 分解成 H_2O 和 O_2，使 H_2O_2 不致在体内大量积累。其催化效率比无机催化剂铁粉高 10 个数量级，反应速率可通过观察 O_2 产生情况判断。

2. 酶与一般催化剂最主要的区别是酶具有高度的特异（专一）性，即一种酶只能对一种或一类化合物起催化作用。例如，淀粉酶和蔗糖酶虽然都能催化糖苷键的水解，但淀粉酶只能催化淀粉水解，蔗糖酶只水解蔗糖。淀粉水解后生成的麦芽糖属于还原性糖，能使本乃狄试剂中二价铜离子还原成一价亚铜离子，加热后与空气中的氧气作用，生成砖红色的氧化亚铜。淀粉酶不能催化蔗糖水解，所以不能产生具有还原性的葡萄糖和果糖，蔗糖本身又无还原性，故不与本乃狄试剂产生颜色反应。

3. 唾液淀粉酶可催化淀粉逐步水解，生成分子大小不同的糊精，最后水解成麦芽糖。淀粉及糊精遇碘各呈不同的颜色反应。直链淀粉遇碘呈蓝色，糊精按相对分子质量大小不同可呈蓝色、紫色、暗褐色和红色，寡糖和麦芽糖遇碘不显色。根据颜色反应可了解淀粉被水解的程度。由于在不同温度、不同 pH 下唾液淀粉酶的活性高低不同，所以淀粉被水解的程度也不一样。另外，激活剂能提高酶活性，抑制剂能抑制酶活性，也能影响淀粉被水解的程度。因此，可通过与碘产生的颜色反应判断淀粉被水解的程度，了解温度、pH、激活剂和抑制剂对酶促作用的影响。

三、实验仪器、试剂和材料

1. 器材

①恒温水浴（37 ℃，70 ℃）、沸水浴（100 ℃）、冰浴（0 ℃）。②试管 18 mm×180 mm 共 19 支。③吸管 1 mL 7 支、2 mL 3 支、5 mL 5 支。④量筒 100 mL 1 个。⑤白瓷板。⑥胶头滴管 3 支。

2. 试剂

①铁粉。②2% H_2O_2 溶液（现用现配）。③唾液淀粉酶溶液：先用蒸馏水漱口，再含 10 mL 左右蒸馏水，轻轻漱动，数分钟后吐出收集在烧杯中，用数层纱布或棉花过滤，即得清澈的唾液淀粉酶原液。根据酶活性高低稀释 50～100 倍，即为唾液淀粉酶溶液。④蔗糖酶溶液：取 1 g 鲜酵母或干酵母放入研钵中，加入少量石英砂和水研磨，加 50 mL 蒸馏水，静置片刻，过滤即得。⑤2% 蔗糖溶液：用分析纯蔗糖新鲜配制。⑥1% 淀粉溶液：1 g 淀粉和 0.3 g NaCl，用 5 mL 蒸馏水悬浮，慢慢倒入 60 mL 煮沸的蒸馏水中，煮沸 1 min，冷却至室温，加水到 100 mL，冰箱贮存。⑦0.1% 淀粉溶液：0.1 g 淀粉，以 5 mL 水悬浮，慢慢倒入 60 mL 煮沸的蒸馏水中，煮沸 1 min，冷却至室温，加水到 100 mL，冰箱贮存。⑧0.5% 淀粉溶液：0.5 g 淀粉，以 5 mL 水悬浮，慢慢倒入 60 mL 煮沸的蒸馏水中，煮沸 1 min，冷却至室温，加水到 100 mL，冰箱贮存。⑨本乃狄（Benedict）试剂：17.3 g $CuSO_4 \cdot 5H_2O$，加 100 mL 蒸馏水加热溶解，冷却；173 g 柠檬酸钠和 100 g $Na_2CO_3 \cdot 2H_2O$，以 600 mL 蒸馏水加热溶解，冷却后将 $CuSO_4$ 溶液慢慢加到柠檬酸钠-碳酸钠溶液中，边加边搅匀，最后定容至 1 000 mL。如有沉淀可过滤除去，此试剂可长期保存。⑩碘液：3 g KI 溶于 5 mL 蒸馏水中，加 1 g I_2，溶解后再加 295 mL 水，混匀，贮存于棕色瓶中。⑪磷酸缓冲液：A 液为 0.2 mol/L Na_2HPO_4，称取 28.40 g Na_2HPO_4（或 71.64 g $Na_2HPO_4 \cdot 12H_2O$）溶于 1 000 mL 水中。B 液为 0.1 mol/L 柠檬酸，称取 21.01 g 柠檬酸（$C_6H_8O_7 \cdot 2H_2O$）溶于 1 000 mL 水中。pH5.0 缓冲液，10.30 mL A 液＋9.70 mL B 液；pH7.0 缓冲液，16.47 mL A 液＋3.53 mL B 液；pH8.0 缓冲液，19.45 mL A 液＋0.55 mL B 液。⑫1% $CuSO_4 \cdot 5H_2O$ 溶液。⑬1% NaCl 溶液。

3. 材料

马铃薯块茎（约 0.5 cm×0.5 cm×0.5 cm 的方块，生、熟）

四、实验步骤

1. 唾液淀粉酶的作用。取一块干净的白瓷板，进行如下操作：

试剂 \ 穴号	1	2	3	4	5	6	7
蒸馏水（滴）	2	2	2	2	2	2	2
唾液（滴）	2	2	2	2	2	2	弃去

加唾液时，只在第 1 穴中加入 2 滴新制备的唾液，与该穴中的蒸馏水混匀后取出 2 滴滴入第 2 穴，待混匀后又从第 2 穴中取出 2 滴滴入第 3 穴，以此类推，直至从第 6 穴中取出 2 滴弃去

0.5%淀粉溶液（滴）	2	2	2	2	2	2	2
				放置 2～5 min			
碘液（滴）	1	1	1	1	1	1	1
结果（颜色）							

2. 酶催化的高效性。取 4 支试管，按下表操作：

操作项目 \ 管号	1	2	3	4
2% H$_2$O$_2$ 溶液（mL）	3	3	3	3
生马铃薯小块（块）	2	0	0	0
熟马铃薯小块（块）	0	2	0	0
铁粉	0	0	一小匙	0
现象				
解释实验现象				

3. 酶催化的专一性。取 6 支干净试管，按下表操作：

操作项目 \ 管号	1	2	3	4	5	6
1%淀粉溶液（mL）	1	1	0	0	1	0
2%蔗糖溶液（mL）	0	0	1	1	0	1
唾液淀粉酶原液（mL）	1	0	1	0	0	0
蔗糖酶溶液（mL）	0	1	0	1	0	0
蒸馏水（mL）	0	0	0	0	1	1
酶促水解			摇匀，37 ℃水浴中保温 10 min			
本乃狄试剂（mL）	2	2	2	2	2	2
反应			摇匀，沸水浴中加热 5～10 min			
现象						
解释实验现象						

4. 温度对酶活力的影响。取 3 支干净试管，按下表操作：

管号 操作项目	1	2	3
唾液淀粉酶溶液（mL）	1	1	1
pH 7.0 磷酸缓冲液（mL）	2	2	2
温度预处理 5 min	0 ℃	37 ℃	70 ℃
1％淀粉溶液（mL）	2	2	2

摇匀，保持各自温度继续反应，数分钟后每隔半分钟从第 2 号管吸取 1 滴反应液于白瓷板上，用碘液检查反应进行情况，直至反应液不再变色（只有碘液的颜色），立即取出所有试管，流水冷却 3 min，各加 1 滴碘液，混匀。观察并记录各管反应现象，并解释该现象。

5. pH 对酶活力的影响。取 3 支干净试管，按下表操作：

管号 操作项目	1	2	3
pH 5.0 磷酸缓冲液（mL）	3	0	0
pH 7.0 磷酸缓冲液（mL）	0	3	0
pH 8.0 磷酸缓冲液（mL）	0	0	3
1％淀粉溶液（mL）	1	1	1
预保温	混匀，37 ℃水浴中保温 2 min		
唾液淀粉酶溶液/mL	1	1	1
检查淀粉水解程度	摇匀，置 37 ℃水浴中继续反应，每隔半分钟从第 2 号管中吸取 1 滴反应液于白瓷板上，用碘液检查反应进行情况，直至反应液不再变色，即可停止反应，取出所有试管		
碘液（滴）	1	1	1
现象			
解释实验现象			

6. 抑制剂和激活剂对酶活力的影响。取 3 支干净试管，按下表操作：

管号 操作项目	1	2	3
1％ NaCl 溶液（mL）	1	0	0
1％ CuSO₄ 溶液（mL）	0	1	0
蒸馏水（mL）	0	0	1
唾液淀粉酶溶液（mL）	1	1	1
0.1％淀粉溶液（mL）	3	3	3
检查淀粉水解程度	摇匀，置 37 ℃水浴中反应 1 min 左右即可用碘液检查 1 号试管淀粉的水解程度。待 1 号试管反应液不再变色，即可停止反应，取出所有试管		
碘液（滴）	1	1	1
现象			
解释实验现象			

五、注意事项

1. 不同的人唾液中淀粉酶活力不同，因此步骤 4、5、6 应随时检查反应情况。如反应进行太快，应适当稀释唾液；反之，则应减少唾液淀粉酶稀释倍数。

2. 酶的抑制与激活最好用经透析的唾液，因为唾液中含有少量 Cl^-。另外，注意不要在检查反应程度时使各管溶液混杂。

六、思考题

1. 酶作为一种生物催化剂，有哪些催化特点？

2. 通过本次实验，你对酶作用的特异性有何认识？

3. 何谓酶的最适 pH 和最适温度？说明底物浓度、酶浓度、温度和 pH 对酶促反应速率的影响。

实验 29　血清中转氨酶活性的测定

一、实验目的

1. 了解转氨酶的生物学意义。

2. 学习分光光度计测定血清中转氨酶活性的方法。

3. 了解谷丙转氨酶在氨基酸代谢中的作用及其在临床诊断上的重要意义。

二、实验原理

转氨酶广泛存在于机体的各个组织中，在肝组织中活性较高，因该酶属胞内酶，因此在正常代谢情况下，此酶在血清中活性很低。而当组织发生病变时，由于细胞肿胀坏死或细胞膜破裂使细胞膜通透性增高，而导致大量的酶释放到血液中，从而引起血清中相应的转氨酶活性显著增高，因此血清转氨酶的活性测定在临床上有重要意义。丙氨酸和 α 酮戊二酸在谷丙转氨酶（GPT）的催化下进行氨基与酮基的交换，生成丙酮酸和谷氨酸，前者与 2，4 -二硝基苯肼反应，生成在碱性溶液中呈棕红色的丙酮酸- 2，4 -二硝基苯腙，颜色的深浅与丙酮酸生成量成正比，因而可用分光光度法测定其含量并计算出转氨酶的活性。

三、实验仪器、试剂和材料

1. 仪器

①恒温水浴锅。②752 型分光光度计。③试管。④试管架。⑤吸量管。⑥洗耳球。

2. 试剂

①pH 7.4 的磷酸缓冲液：1/15 mol/L 磷酸氢二钠 808 mL（23.89 g $Na_2HPO_4 \cdot 12H_2O$ 用水定容至 1 000 mL）与 1/15 mol/L 磷酸氢二钾 192 mL（9.078 g KH_2PO_4 用水定容至 1 000 mL）混合即为 pH7.4 的磷酸缓冲液。②GPT 基质液：称取 D，L -丙氨酸 1.97 g 和 α 酮戊二酸 29.20 mg，加少量磷酸缓冲液，然后再加 1 mol/L NaOH 校正 pH 为 7.4，再用磷酸缓冲液定容至 100 mL，充分混匀，冰箱保存（可保存 1 周），也可加氯仿数滴防腐。③2，4 -二硝基苯肼溶液：准确称取 20.00 mg 2，4 -二硝基苯肼先溶于 10 mL 浓盐酸溶液中（也

可加热助溶），再用水定容至 100 mL。④0.4 mol/L 氢氧化钠溶液：称取氢氧化钠 8.00 g，用水定容至 500 mL。⑤丙酮酸标准液（2 mmol/L）：准确称取丙酮酸钠 22 mg，置于 100 mL 容量瓶中，用少量磷酸缓冲液溶解后，再用磷酸缓冲液定容至刻度，混匀后置冰箱中保存。

3. 材料

鸡或兔的新鲜血清。

四、实验步骤

按下表加入试剂：

试剂 \ 管号	标准管	测定管	空白管
血清（mL）	—	0.2	—
蒸馏水（mL）	0.1	—	0.2
GPT 基质液（预热 10 min）（mL）	0.5	0.5	0.5
磷酸缓冲液（mL）	0.1	0.1	0.1
丙酮酸标准液（mL）	0.1	—	—
	混合 37 ℃水浴 30 min		
2，4-二硝基苯肼溶液（mL）	0.5	0.5	0.5
	混合 37 ℃水浴 20 min		
0.4 mol/L NaOH 溶液（mL）	5	5	5

各管混合后，以空白管调零点，波长 520 nm 处，测定标准管和测定管吸光度。

五、实验结果

根据下式计算血清中转氨酶活力单位数。本实验中，GPT 活力单位定义为：血清与足量的丙氨酸、α酮戊二酸在 37 ℃反应 30 min，每生成 1 μmol 丙酮酸所需的酶量，称为一个转氨酶活力单位。

每 100 mL 血清中转氨酶活力单位数为：

$$GPT\ 活力单位数 = \frac{测定管吸光度}{标准管吸光度} \times 丙酮酸浓度（2\ mmol/L）\times 0.1 \times \frac{100}{0.2}$$

$$= \frac{测定管吸光度}{标准管吸光度} \times 100$$

六、注意事项

1. 标本为鸡或兔的新鲜血清，采血时应避免溶血，及时分离血清。

2. 酶活性的测定结果与温度、酶作用的时间、试剂加入量等有关，操作时应严格掌握。

3. 2，4-二硝基苯肼与丙酮酸的颜色反应并不是特异的，α酮戊二酸也能与 2，4-二硝基苯肼作用而显色，此外，2，4-二硝基苯肼本身也有类似的颜色，因此空白管颜色较深。

七、思考题

1. 血清谷丙转氨酶的测定有何临床意义？

2. 影响酶活性的因素有哪些?

3. 实验时设定空白管有何意义?

实验 30 脂肪酶活力的测定——对硝基苯酚法

一、实验目的

掌握脂肪酶活力的测定方法,并测定鱼、虾、贝体内消化器官(肝胰脏、胃、肠)的脂肪酶活力。

二、实验原理

脂肪酶(lipase,EC3.1.1.3)是一种特殊的酯键水解酶,是动物消化脂肪的重要酶类,其分泌量和活力与动物对脂肪的消化、吸收、利用有关。动物肝胰脏或胰脏是脂肪酶的主要分泌器官,胃、肠黏膜及肝脏亦能分泌,有的鱼类幽门垂中脂肪酶活力最高。测定动物各部位脂肪酶活力有助于研究、分析其对脂肪的消化能力及各部位消化功能状况。

对硝基苯酚法是以对硝基苯酚酯作为底物,脂肪酶水解底物产生具有颜色的对硝基苯酚,在 410 nm 波长下测出其吸光度,再对照对硝基苯酚吸光度工作曲线得脂肪酶活力。这样可以使操作更加简单,同时可以避免金属离子的干扰。

三、实验仪器、试剂和材料

1. 仪器

①分析天平。②恒温槽。③pH 计。④分光光度计。⑤酶标仪。⑥匀浆器锥形瓶。⑦离心机。⑧恒温水浴。⑨高速组织捣碎机。⑩移液管。⑪镊子。⑫剪子。⑬烧杯。

2. 试剂

①脂肪酶。②对硝基苯酚(p-NP)。③对硝基苯酚棕榈酸酯(p-NPP)。④50 mmoL/L Tris-HCl 缓冲液(pH 8.0)。⑤异丙醇。⑥阿拉伯胶。⑦Triton X-100。⑧以(p-NPP)为底物,溶液 A,30 mg 的对棕榈酸硝基苯酯(p-NPP)溶于 10 mL 的异丙醇中(稍稍水浴加热);溶液 B,含 1% Triton X-100 的磷酸缓冲溶液。溶液 A 与溶液 B 按 1:9 混合(现配)。

3. 材料

鱼、虾、贝的肝胰脏、胃、肠标本。

四、实验步骤

1. 对硝基苯酚法标准曲线的制作。配制 p-NPP 底物溶液(0.09 mg/mL)和 p-NP 标准溶液(0.03 mg/mL),将 p-NP 标准溶液用 B 液稀释成适当的梯度,分别测定吸光度,绘制吸光度-浓度关系曲线。

2. 取一系列 p-NP 标准溶液稀释到 5 mL,呈适当的浓度梯度,加入 5 mL 0.5 mol/L 三氯乙酸混合,再加入 15 mL 0.5 mol/L NaOH 调 pH,直至 pH 与加酸前一致,分别测定吸光度,绘制吸光度-浓度关系曲线。终止反应过程中,反应 10 min 后立即加入 5 mL 0.5 mol/L 三氯乙酸混合均匀,放置 5 min 终止反应,再加入 15 mL 0.5 mol/L NaOH 调

pH，直至 pH 与反应前一致，其他条件不变。于 410 nm 测定吸光度。对照标准曲线算出生成的对硝基苯酚浓度，进而计算出酶活力。

五、实验结果

脂肪酶酶活力单位定义为：在一定条件下，每分钟释放出 $1\mu mol$ 对硝基苯酚的酶量定义为 1 个脂肪酶活力单位（U）。

$$按公式计算酶活：X = CV/(TV')$$

式中，X 为脂肪酶活力（U/mL）；C 为对硝基苯酚浓度（$\mu mol/mL$）；V 为酸碱调节后的反应液终体积（mL）；V' 为酶液的用量（mL）；T 为作用时间（min）。

六、注意事项

1. 脂肪酶反应温度作用范围 30～40 ℃，最适 35 ℃。

2. 脂肪酶 pH 作用范围 5～8，最适为 7.5。

3. 温度对脂肪酶稳定性的影响：35 ℃以下几乎不失活，高于 35 ℃，温度升高，酶活力直线下降，50 ℃时，几乎全部失活。

4. pH 对脂肪酶稳定性的影响：pH 5～7.5 时，在冰箱中（1 ℃）无活力损失，室温下（17～19 ℃）活力保持 95％以上。

七、思考题

1. 查阅文献，了解除比色法可以测定脂肪酶活力外，还有哪些测定方法，并比较这些方法的优劣。

2. 脂肪酶在工农业生产中有哪些方面的应用？

3. 请举例说明脂肪酶活力测定在科研实践中的应用实例。

实验 31 植物组织中过氧化氢酶活性的测定
——紫外吸收连续记录法

一、实验目的

1. 了解酶活力测定的基本原理与酶活力表示方法。

2. 掌握过氧化氢酶活力连续记录测定的操作与计算。

二、实验原理

过氧化氢酶（catalase，CAT，EC1.11.1.6）属于血红蛋白酶，含有铁，是以亚铁原卟啉为辅基的生物体内清除 H_2O_2 的重要酶之一，它能催化过氧化氢分解为水和分子氧，在此过程中起传递电子的作用，过氧化氢则既是氧化剂又是还原剂。其催化反应为：

$$2H_2O_2 \xrightarrow{CAT} 2H_2O + O_2$$
$$R(Fe^{+2}) + H_2O_2 = R(Fe^{+3} + OH^-)$$

$$2e^{-}$$

$$R(Fe^{+3}OH^{-})_2+H_2O_2 = R(Fe^{+2})_2+2H_2O+O_2$$

通过上述反应，CAT 可以降低生物体内有毒害作用的过氧化氢水平，减少自由基和过氧化脂质的形成，对生物体起重要的保护作用。

H_2O_2 在 240 nm 波长下有强烈吸收，过氧化氢酶能分解过氧化氢，使反应溶液吸光度（A_{240}）随反应时间而降低。根据测量吸光度的变化速度即可测出过氧化氢酶的活性。

传统测定 CAT 活力的方法有滴定法、测压法，但这两种方法不仅误差大，且比较复杂。本试验采用紫外分光连续记录测定法，具有操作简单、灵敏度高、结果直观的优点。

三、实验器材与试剂

1. 仪器

①紫外分光光度计。②离心机。③研钵。④250 mL 容量瓶 1 个。⑤0.5 mL 刻度吸管 2 支。⑥2 mL 刻度吸管 1 支。⑦10 mL 试管 3 支。⑧恒温水浴。

2. 试剂

①0.2 mol/L pH7.8 磷酸缓冲液（内含 1‰聚乙烯吡咯烷酮）。②0.1 mol/L H_2O_2（用 0.1 mol/L 高锰酸钾标定）。

3. 材料

小麦叶片。

四、实验步骤

1. 酶液提取。称取新鲜小麦叶片或其他植物组织 0.5 g 置研钵中，加入 2~3 mL 4 ℃下预冷的 pH7.8 磷酸缓冲液和少量石英砂研磨成匀浆后，转入 25 mL 容量瓶中，并用缓冲液冲洗研钵数次，合并冲洗液，并定容到刻度。混合均匀将容量瓶置 5 ℃冰箱中静置 10 min，取上部澄清液在 4 000 r/min 下离心 15 min，上清液即为过氧化氢酶粗提液。5 ℃下保存备用。

2. 酶活力测定。

（1）打开紫外分光光度计，将波长定于 240 nm 处，开启氘灯，预热 10 min。

（2）取 10 mL 试管 3 支，其中 2 支为样品测定管，1 支为空白管，按下表顺序加入试剂。

试剂 ＼ 管号	s0	s1	s2
粗酶液（mL）	0.0	0.2	0.2
pH 7.8 磷酸缓冲液（mL）	1.5	1.5	1.5
蒸馏水（mL）	1.0	1.0	1.0

（3）25 ℃预热后，逐管加入 0.3 mL 0.1 mol/L H_2O_2，每加完一管立即计时，并迅速倒入石英比色杯中，把比色皿插入比色架上，对准光路，关盖。读取 A_{240} 值，每隔 1 min 读数 1 次，共测 4 min，待 3 支管全部测定完后，按下式计算酶活性。

五、实验结果

以 1 min 内 A_{240} 减少 0.1 的酶量为 1 个酶活力单位（U），求出每克鲜重小麦样品中过氧化氢酶的活力单位，以 U/(g·min) 表示。

$$过氧化氢酶活性\left[U/(g\cdot min)\right]=\frac{\Delta A_{240}\times V_t}{0.1\times V_1\times t\times W}$$

$$A_{240}=A_{S_0}-\frac{(A_{S_1}+A_{S_2})}{2}$$

式中，A_{S_0} 为加入煮死酶液的对照管吸光度；A_{S_1}、A_{S_2} 为样品管吸光度；V_t 为粗酶提取液总体积（mL）；V_1 为测定用粗酶液体积（mL）；W 为样品鲜重（g）；0.1 为 A_{240} 每下降 0.1 为 1 个酶活力单位（U）；t 为加过氧化氢到最后一次读数时间（min）。

六、注意事项

凡在 240 nm 下有强吸收的物质对本实验有干扰。

七、思考题

1. 影响过氧化氢酶活性测定的因素有哪些？
2. 过氧化氢酶与哪些生化过程有关？
3. 过氧化氢酶的测定可以用于哪些科学研究中？试通过查阅文献，列举两三个科研实例。

实验 32　脲酶 K_m 值的测定

一、实验目的

脲酶是氮素循环的一种关键性酶，它催化尿素与水作用生成氨，在促进土壤和植物体内尿素的利用上起着重要作用。通过本实验，学习掌握测定脲酶米氏常数 K_m 值的原理和方法。

二、实验原理

K_m 值一般可看作是酶促反应中间产物的解离常数。测定 K_m 在研究酶的作用机制、观察酶与底物间的亲和力大小、鉴定酶的种类及纯度、区分竞争性抑制与非竞争性抑制作用等中均具有重要意义。

酶促动力学研究酶促反应的速度以及各种因素，如底物浓度、酶浓度、pH、温度、抑制剂和激活剂等的改变对酶促反应速度的影响。在其他条件不变的情况下，酶促反应速度与底物浓度的关系可用米氏方程表示。

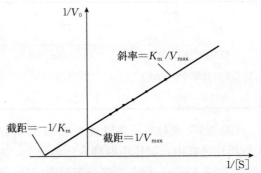

$$V=\frac{V_{max}[S]}{K_m+[S]}$$

对于 K_m 值的测定，我们通常采用 Lineweaver-Burk 作图法，即双倒数作图法。具体做法为：取米氏方程式倒数形式。

$$\frac{1}{V_0}=\frac{K_m}{V_{max}} \cdot \frac{1}{[S]}+\frac{1}{V_{max}}$$

若以 $1/V_0$ 对 $1/[S]$ 作图，即可得下图中的曲线，通过计算横轴截距的负倒数，就可以很方便地求得 K_m 值。

$$NH_4OH+2(HgI_2 \cdot 2KI)+3NaOH \longrightarrow O \underset{Hg}{\overset{Hg}{\diagdown\diagup}} NH_2I+4KI+3NaI+3H_2O$$

（棕红色）

在一定范围内，呈色深浅与碳酸铵量成正比。可在 460 nm 波长处用比色法测定单位时间内酶促反应所产生的氨量，从而求得酶促反应速度。

在保持恒定的最适条件下，用相同浓度的脲酶催化不同浓度的尿素发生水合反应。在一定限度内，酶促反应速度与尿素浓度成正比。用双倒数作图法可求得脲酶的 K_m 值。

三、实验仪器、试剂和材料

1. 仪器
①722 型分光光度计。②恒温水浴。③离心机。④试管。⑤漏斗。⑥移液管。

2. 试剂
①不同浓度尿素溶液：提取 6.00 g 分析纯尿素，加无离子水溶解，定容至 1 000 mL，即为 1/10 mol/L 的尿素溶液，进一步稀释成 1/20 mol/L、1/30 mol/L、1/40 mol/L 等不同浓度尿素溶液。②1/15 mol/L pH7.0 磷酸缓冲液：取 1/15 mol/L Na_2HPO_4 溶液 60 mL 和 1/15 mol/L KH_2PO_4 溶液 40 mL，混匀即可。③10% $ZnSO_4$：20 g $ZnSO_4$ 溶于 200 mL 蒸馏水中。④0.5 mol/L NaOH：5 g NaOH，水溶后定容至 250 mL。⑤10%酒石酸钾钠：20 g 酒石酸钾钠溶于 200 mL 蒸馏水中。⑥奈氏试剂：称取 5 g KI，溶于 5 mL 无离子水中，加入饱和 $HgCl_2$ 溶液（100 mL 水约溶解 5.7 g $HgCl_2$），并不断搅拌，直至产生的朱红色沉淀不再溶解时，再加 4 mL 50% NaOH 溶液，稀释至 100 mL，混匀，静置过夜，倾出上清液贮存于棕色瓶中。⑦0.005 mol/L $(NH_4)_2SO_4$ 标准液：准确称取 0.661 0 g 硫酸铵，水溶后定容至 1 000 mL。⑧30%乙醇：60 mL 95%乙醇，加水 130 mL，摇匀。

3. 材料
大豆粉。

四、实验步骤

1. 脲酶的提取。称取 4 g 大豆粉，加 100 mL 30%乙醇，充分摇匀后置于冰箱中过夜，次日于 2 000 r/min 离心 3 min，取上清液备用。

2. 测定。

(1) 取试管 5 支编号，按下表加入试剂和操作。

试剂 \ 管号	1	2	3	4	5
尿素溶液浓度（mol/L）	1/40	1/60	1/80	1/100	1/100
尿素溶液加入量（mL）	0.5	0.5	0.5	0.5	0.5
pH 7.0 磷酸缓冲液（mL）	2.0	2.0	2.0	2.0	2.0
37 ℃水浴保温时间（min）	5	5	5	5	5
脲酶加入量（mL）	0.5	0.5	0.5	0.5	0.5
煮沸脲酶加入量（mL）	0	0	0	0	0
37 ℃水浴保温（min）	10	10	10	10	10
加 10% $ZnSO_4$（mL）	0.5	0.5	0.5	0.5	0.5
无离子水（mL）	5.0	5.0	5.0	5.0	5.0
0.5 mol/L NaOH（mL）	0.5	0.5	0.5	0.5	0.5

摇匀各管，静置 5 min 后过滤。

（2）另取试管 5 支编号，与上述各管对应，按下表加入试剂。

试剂 \ 管号	1	2	3	4	5
上述各管取滤液（mL）	1.0	1.0	1.0	1.0	1.0
无离子水（mL）	4.5	4.5	4.5	4.5	4.5
10%酒石酸钾钠（mL）	0.5	0.5	0.5	0.5	0.5
0.5 mol/L NaOH（mL）	0.5	0.5	0.5	0.5	0.5
奈氏试剂（mL）	1.0	1.0	1.0	1.0	1.0

迅速混匀，然后在 460 nm 波长下用 1 cm 光径的比色杯测定吸光度。

（3）制作标准曲线。按下表加入试剂。

试剂 \ 管号	1	2	3	4	5	6
0.005 mol/L $(NH_4)_2SO_4$（mL）	0	0.1	0.2	0.3	0.4	0.5
无离子水（mL）	5.5	5.4	5.3	5.2	5.1	5.0
10%酒石酸钾钠（mL）	0.5	0.5	0.5	0.5	0.5	0.5
0.5 mol/L NaOH（mL）	0.5	0.5	0.5	0.5	0.5	0.5
奈氏试剂（mL）	1.0	1.0	1.0	1.0	1.0	1.0

立即混匀各管，在 460 nm 波长下比色。

五、实验结果

在标准曲线上查出脲酶作用于不同浓度脲液生成氨的量，然后以单位时间氨生成量的倒数即 $1/V_0$ 为纵坐标，以对应的尿素溶液浓度为倒数即 $1/[S]$ 为横坐标作图，从直线与横轴交点求出 K_m 值。

六、注意事项

1. 米氏方程系线性方程，酶促反应初速度 V_0 与吸光度 A 成正比，所以用 $1/A$ 代表 $1/V_0$ 作图求 K_m 值，方法简便，且结果不受影响。

2. 本实验为酶的定量实验，因此，酶促反应所要求的底物及酶的浓度、酶作用的条件和时间要求严格掌握，所加试剂量必须准确。

3. 试管应洁净干燥，否则不仅会影响酶促反应，而且会使奈氏试剂呈色混浊。

4. 加奈氏试剂时应迅速准确，立即摇匀，马上比色，否则容易混浊。实验中加入酒石酸钾钠，目的在于防止奈氏试剂混浊。且奈氏试剂腐蚀性强，勿洒在试管架和实验台面上。

5. 加入 $ZnSO_4$ 可以吸附酶蛋白，起助滤作用。另外，$ZnSO_4$ 起终止反应的作用。

6. 准确控制各管使酶促反应时间尽量一致。为保持酶促反应时间一致，先做好准备工作，设计好加样顺序，按表中顺序加入各种试剂。

七、思考题

1. 除了双倒数作图法，还有哪些方法可求得 K_m 值？

2. 本实验的原理是什么？

3. 要比较准确地测得脲酶的 K_m 值，实验操作应注意哪些关键环节？

实验 33 植物组织中过氧化物酶活力的测定

一、实验目的

学习测定过氧化物酶活性的常用方法及其测定原理；进一步巩固并熟练分光光度计的使用。

二、实验原理

过氧化物酶广泛存在于植物体中，是活性较高的一种酶。它与呼吸作用、光合作用及生长素的氧化等均有密切关系。在植物生长发育过程中，它的活性不断发生变化。由于过氧化物酶能使组织中所含的某些碳水化合物转成木质素，增加木质化程度，故一般老化组织中该酶活性较高，幼嫩组织中活性较弱。

在有过氧化氢存在的条件下，过氧化物酶能使邻甲氧基苯酚（愈创木酚）氧化，生成茶褐色物质，该物质在 470 nm 处有最大吸收。因此，可用分光光度计测量 470 nm 处的吸光度变化来测定过氧化物酶活性。

三、实验仪器、试剂和材料

1. 仪器

①研钵。②分光光度计。③恒温水浴锅。④移液管。⑤100 mL 容量瓶。⑥离心机。

2. 试剂

①0.1 mol/L pH 7.0 的磷酸缓冲液。②反应混合液：取 0.1 mol/L 磷酸缓冲液（pH 7.0）50 mL 置于烧杯中，加入邻甲氧基苯酚（愈创木酚）28 μL，于磁力搅拌器上加热搅

拌，直至愈创木酚溶解。待溶液冷却后，加入 30% 过氧化氢 19 μL，混合均匀，保存于冰箱中。

3. 材料

菠菜、油菜、树叶、草、马铃薯块茎等。

四、实验步骤

1. 酶粗提液的制备。称取植物材料 1.0 g，剪碎，放入研钵中，加入适量的磷酸缓冲液研磨成匀浆，以 4 000 r/min 离心 15 min，上清液转入 100 mL 容量瓶中，残渣再用 5 mL 磷酸缓冲液提取一次，上清液并入容量瓶中，定容至刻度，即得到酶的粗提液。

2. 过氧化物酶活力测定。取光径 1 cm 的比色杯 2 只，于 1 只中加入反应混合液 3 mL 和磷酸缓冲液 1 mL，作为对照，另 1 只中加入反应混合液 3 mL 和上述酶粗提液 1 mL（如酶活性过高可稀释之），混匀后，立即开启秒表记录时间，于分光光度计上测定 470 nm 下的吸光度，每隔 1 min 读数一次，共读 3 个数值。

五、实验结果

以每分钟内 A_{470} 值变化 0.01 作为 1 个过氧化物酶活力单位，用 U 表示。按下式计算过氧化物酶的活力。

$$过氧化物酶活力 = \frac{\Delta A_{470} \times V_T}{W \times V_S \times 0.01 \times t}$$

式中，ΔA_{470} 为反应时间内吸光度的变化值；V_T 为提取酶液总体积（mL）；V_S 为测定时取用酶液体积（mL）；W 为植物鲜重（g）；t 为反应时间（min）。

六、注意事项

1. 测定时注意控制反应时间，酶液与 3 mL 反应混合液混合后，尽量快速开始测定 470 nm 处的吸光度，以及控制读数的时间间隔。

2. 为保持酶的活性，应在低温下保存待测材料。

七、思考题

说明植物过氧化物酶在植物代谢中的意义。

实验 34 多酚氧化酶活力的测定

一、实验目的

掌握植物体内多酚氧化酶活力测定的方法及分光光度计的使用。

二、实验原理

多酚氧化酶是一种含铜的氧化酶，在有氧的条件下，能使一元酚和二元酚氧化产生醌。醌有颜色，在 525 nm 波长下有最大吸光度，通过分光光度法测定其吸光度，即可计算出多酚氧化酶的活性。反应式如下：

$$邻苯二酚（儿茶酚）+\frac{1}{2}O_2 \xrightarrow{\text{多酚氧化酶}} 邻醌+H_2O$$

三、实验仪器、试剂和材料

1. 仪器

①研钵或匀浆机。②恒温水浴。③低温离心机。④分光光度计。⑤试管。⑥移液管。⑦纱布袋。

2. 试剂

①0.05 mol/L pH5.5 磷酸缓冲液。②0.1 mol/L pH6.5 磷酸缓冲液。③0.01 mol/L pH6.5 磷酸缓冲液。④0.1 mol/L 邻苯二酚。⑤30%饱和度的硫酸铵溶液。⑥60%饱和度的硫酸铵溶液。⑦聚乙烯吡咯烷酮（PVP）。

3. 材料

马铃薯块茎。

四、实验步骤

1. 粗酶液的制备。称取马铃薯块茎 5 g 于研钵中，加入 0.5 g 不溶性聚乙烯吡咯烷酮（事先用蒸馏水浸洗，然后过滤以除去杂质）和 100 mL 0.1 mol/L pH 6.5 磷酸缓冲液，研磨成匀浆后，用几层纱布袋过滤。向所得滤液中加入 30%饱和度的硫酸铵溶液，混合后于 4 ℃放置 20 min，4 000 r/min 离心 15 min，弃去沉淀。向上清液中加入 60%饱和度的硫酸铵溶液，混合后于 4 ℃放置 20 min，4 000 r/min 离心 15 min，收集沉淀。将所得沉淀溶于 2~3 mL 0.01 mol/L pH6.5 磷酸缓冲液中，即为粗制酶液。

2. 多酚氧化酶活力测定。取 2 支试管，分别加入 3.9 mL 0.05 mol/L pH5.5 的磷酸缓冲液，1.0 mL 0.1 mol/L 邻苯二酚，于 37 ℃恒温水浴中保温 10 min 后，向其中 1 支试管加入 0.5 mL 磷酸缓冲液（0.05 mol/L，pH5.5），作为空白对照。向另一支试管中加入 0.5 mL 粗酶液（可视酶活性增减用量），迅速摇匀，立即开启秒表记录时间，将反应液倒入比色杯内，在 525 nm 波长处测定吸光度（A_{525}）。每隔 30 s 记录一次，共记录 6 次。

五、实验结果

以每分钟内 A_{525} 值变化 0.01 为 1 个酶活力单位，用 U 表示。按下式计算多酚氧化酶的活力。

$$多酚氧化酶活力（U）=\frac{A}{0.01\times 反应时间}\times \frac{酶提取液总量（mL）}{测定时酶液用量（mL）}$$

式中，A 为反应时间内吸光度的变化值。

六、注意事项

当邻苯二酚溶液变成带褐色时，应重新配制。新配制的溶液应贮存于棕色瓶中。

七、思考题

制备多酚氧化酶时，加入 30%和 60%饱和度的硫酸铵溶液的目的分别是什么？

实验 35　果实菠萝蛋白酶的动力学测定

一、实验目的

1. 通过对果实菠萝蛋白酶的动力学测定加深对酶活性、比活力和蛋白质纯化的认识。
2. 掌握酶动力学测定的一般原理和方法。

二、实验原理

果实菠萝蛋白酶是一种植物巯基蛋白酶，单条肽链组成，含有 4％的糖组分，4 ℃下等电点 pI 为 9.4，相对分子质量约 28 100。为了缩短提纯时间，防止或减少自身降解，可采用 DEAE-纤维素离子交换层析纯化。

果实菠萝蛋白酶可将底物酪蛋白水解为能溶于三氯乙酸溶液的小肽，反应一定时间后用三氯乙酸终止酶反应，以滤液中生成的小肽使吸光度的增加值表示酶促反应速度。据此可作出酶促反应的时间进程曲线，确定反应初速度 V_0 的范围。

粗酶液和纯化酶液的蛋白质含量用考马斯亮蓝 G-250 法测定，据此计算酶的回收率。

根据底物浓度和测得的反应速度，通过作图求得 K_m 值。根据测得的反应速度和蛋白质含量，可以计算出酶的比活力及纯化倍数。

三、实验仪器、试剂和材料

1. 仪器
①层析柱（2 cm×20 cm）。②自动部分收集器。③恒流泵。④核酸蛋白检测仪。⑤离心机。⑥紫外分光光度计。⑦恒温水浴。⑧分析天平。⑨药物天平。⑩微量进样器（100 μL）。⑪容量瓶。⑫刻度试管。

2. 试剂
①0.002 mol/L pH6.0 磷酸缓冲液。②0.02 mol/L pH6.0 磷酸缓冲液。③0.5 mol/L HCl。④0.5 mol/L NaOH。⑤蛋白质标准溶液：称取 10.0 mg 牛血清白蛋白，溶于少量蒸馏水，然后用蒸馏水定容至 100 mL，即为 100 μg/mL 的标准溶液。⑥考马斯亮蓝 G-250 试剂：称取 100 mg 考马斯亮蓝 G-250，溶于 50 mL 95％乙醇中，加入 85％（m/V）的磷酸 100 mL，最后用蒸馏水定容至 1 000 mL，过滤后即可使用，此溶液在常温下可放置 1 个月。⑦25 mmol/L 磷酸缓冲液（pH7.2）：称取 0.109 g 的 $NaH_2PO_4 \cdot 2H_2O$、0.645 g 的 $NaH_2PO_4 \cdot 12H_2O$，水溶后定容至 100 mL。⑧酶反应终止液（D液）：称量 9 g 三氯乙酸、15 g 乙酸钠和 19.5 mL 冰乙酸，水溶后定容至 500 mL。⑨2％酪蛋白溶液：用 25 mmol/L pH7.2 的磷酸缓冲液配制。

3. 材料
果实菠萝蛋白酶粗品。

四、实验步骤

1. 样品处理。称取 2 g 果实菠萝蛋白酶粗品（外购或自制），溶于预冷的 20 mL 0.002 mol/L pH 6.0 磷酸缓冲液中，置冰箱内 15 min。4 ℃，27 000 g 离心 20 min。上清液在 1 000 mL 0.002 mol/L pH 6.0 磷酸缓冲液中透析 5 h（冰箱内）。相同条件下离心，收集上清液，冰箱内保存备用（以后所有纯化操作均在 2～4 ℃下进行）。

2. DEAE-纤维素离子交换层析纯化。称取 8 g DEAE-纤维素，蒸馏水溶胀后用 0.5 mol/L NaOH 溶液浸泡 0.5 h，然后用蒸馏水洗涤至中性。再用 0.5 mol/L HCl 溶液浸泡 0.5 h，然后用蒸馏水洗涤至中性，最后用 0.5 mol/L NaOH 溶液浸泡 0.5 h，再用蒸馏水洗至中性。将处理好的 DEAE-纤维素用 0.02 mol/L pH 6.0 的磷酸缓冲液流过层析柱，充分平衡，至流出液为 pH 6.0 为止。将 10 mL 菠萝蛋白酶样品液沿柱子的管壁徐徐注入（多余的酶液放回冰箱保存），待样品全部入床后，用恒流泵输入 8～10 mL 0.02 mol/L pH 6.0 磷酸缓冲液进行洗脱（流速 0.5 mL/min），用核酸蛋白检测仪（280 nm）监测出峰情况，洗脱液用部分收集器收集，合并第 1 峰溶液，为纯化的果实菠萝蛋白酶。

3. 蛋白酶的浓度测定。

（1）制作蛋白质标准曲线。取 6 支试管，按下表配制 0～100 μg/mL 牛血清白蛋白溶液 1 mL。

试剂 \ 管号	1	2	3	4	5	6
100 μg/mL 牛血清白蛋白（mL）	0	0.2	0.4	0.6	0.8	1.0
蒸馏水（mL）	1.0	0.8	0.6	0.4	0.2	0
牛血清白蛋白含量（μg）	0	20	40	60	80	100

各管加入 5 mL 考马斯亮蓝 G-250 试剂，混匀，放置 2 min 后，在 595 nm 下比色，以 1 号管作参比，作出标准曲线（纵坐标为吸光度，横坐标为蛋白质的含量）。

（2）果实菠萝蛋白酶样品中蛋白质浓度的测定。将菠萝蛋白酶粗提液和离子交换柱层析纯化后的酶液分别进行适当稀释，然后分别吸取 1 mL，做 1～2 个重复，放入试管中，加入 5 mL 考马斯亮蓝 G-250 试剂，充分混匀，放置 2 min 后，以标准曲线 1 号管为参比，595 nm 下比色，记录吸光度，并通过查标准曲线计算出粗酶液和纯化后酶液的蛋白质含量。

4. 反应体系的准备。

A_1 液（纯化酶液）：根据第 3 步测得的纯化酶液的蛋白质含量，取纯化酶 1 250 μg，用 25 mmol/L pH 7.2 的磷酸缓冲液定容至 50 mL。

A_2 液（粗酶液）：根据第 3 步测得的粗酶液的蛋白质含量，取粗酶 1 250 μg，用 25 mmol/L pH 7.2 的磷酸缓冲液定容至 50 mL。

B 液：2% 酪蛋白溶液。

C 液：6 mmol/L EDTA，30 mmol/L L-Cys，用 25 mmol/L pH 7.2 的磷酸缓冲液配制 25 mL。

D 液：反应终止液。

5. 进程曲线的制作。取试管 12 支，编号（1 号管为空白）。在 2～12 号管内各加入 A_1 液 2.0 mL、B 液 3.0 mL、C 液 1.0 mL 后混匀并立即精确计时，2～12 号管在 35 ℃恒温下的反应时间分别为 3、5、7、10、12、15、20、25、30、40 和 50 min。当酶促反应进行到上述相应时间时，在相应的试管内加入 5 mL D 液终止反应。35 ℃下静置 30 min，过滤，滤液在紫外分光光度计上 275 nm 比色（1 号管为对照，反应前先加等量 B、C、D 液，最后加

2.0 mL A₁液，35 ℃保温 30 min 后过滤，滤液作参比液）。

以反应时间为横坐标，A_{275} 为纵坐标绘制进程曲线，找出果实菠萝蛋白酶反应初速度的时间范围。

6. 酶活性的测定。将 A₁液、A₂液、B液、C液和D液五种溶液分别在 35 ℃恒温水浴中保温，取 8 支 15 mL 的具塞刻度试管（纯酶及纯酶的对照、粗酶及粗酶的对照各 2 个）按下表进行操作：

	A₁液（mL）	A₂液（mL）	B液（mL）	C液（mL）
纯酶对照	2		3	1
纯酶反应	2		3	1
粗酶对照		2	3	1
粗酶反应		2	3	1

酶反应体系中加入 A₁液、A₂液、B液、C液后混匀，在 35 ℃下保温 10 min，然后加入 5 mL D液终止反应，35 ℃下，静置 30 min，过滤。实验的对照组，条件与反应组完全相同，只是在加入底物（B液）之前，先加入 D液，使酶失活。滤液在紫外分光光度计上 275 nm测定吸光度。

果实菠萝蛋白酶活力单位定义为：在该实验条件下（pH 7.2，35 ℃时，一定底物浓度，反应体积，反应 10 min）水解酪蛋白产生的溶于三氯乙酸的小肽在 275 nm 的吸光度等于 0.01（1 μg/mL 酪氨酸在 275 nm 的吸光度）时所需要的酶量。

7. K_m 值的测定。

反应系列的底物稀释：取 5 mL 2%酪蛋白溶液，加入 5 mL 25 mmol/L pH 7.2 的磷酸缓冲液，混匀，从中吸取 5 mL，同样操作（倍比稀释），分别得到 1%、0.5%、0.25%、0.125%、0.062 5%、0.031 2%的酪蛋白溶液。

另取 6 支 15 mL 刻度试管，分别吸取 2.0 mL A₁液，3.0 mL 上面配制的倍比稀释酪蛋白底物及 1 mL C 液，混匀，35 ℃保温 10 min。然后加入 5 mL D 液终止反应，35 ℃下静置 30 min，过滤后在 275 nm 下测定吸光度。实验对照用 A₁液的对照，测定的结果填入下表。

样品号	1	2	3	4	5	6
底物浓度	1%	0.5%	0.25%	0.125%	0.062 5%	0.031 2%
1/底物浓度						
吸光度						
1/吸光度						

五、实验结果

1. 在坐标纸上画出洗脱曲线（以洗脱体积为横坐标，吸光度为纵坐标）。

2. 画出蛋白质含量的标准曲线。

3. 计算出果实菠萝蛋白酶的浓度（μg/mL）。

4. 根据以上测定求出粗酶、纯酶的下列值：

①活力单位数；②比活力；③回收率；④纯化倍数；⑤纯酶的 K_m 值。

六、注意事项

反应条件要保持一致，反应温度和时间要精确。

七、思考题

1. 用重复相同步骤的方法来纯化酶是否合理？为什么？
2. 简述纯化酶的主要方法和依据，比较它们的特点。
3. 常用研究酶的反应速度的方法有哪些？
4. 测定反应速度时，是测定反应物的减少好还是测定生成物的增加好？为什么？

实验 36　乳酸脱氢酶活力的测定

一、实验目的

1. 了解乳酸脱氢酶活性测定原理。
2. 学习用比色法测定酶活性的方法。

二、实验原理

乳酸脱氢酶（lactate dehydrogenase，LDH，EC.1.1.1.27，L-乳酸：NAD$^+$ 氧化还原酶）广泛存在于生物细胞内，是糖代谢酵解途径的关键酶之一，其作用主要为催化乳酸与丙酮酸之间的相互转换。

LDH 可溶于水或稀盐溶液。组织中 LDH 含量测定方法很多，其中紫外分光光度法更为简单、快速，鉴于 NADH、NAD$^+$ 在 340 nm 及 260 nm 处各自有最大的吸收峰，因此以 NAD$^+$ 为辅酶的各种脱氢酶类都可通过 340 nm 吸光度的改变，定量测定酶含量。

乳酸脱氢酶活力测定，是在一定条件下，向含丙酮酸及 NADH 的溶液中，加入一定量乳酸脱氢酶提取液，测定 NADH 在反应过程中 340 nm 处吸光度减少值来计算，减少越多，则 LDH 活力越高。其活力单位定义是：在 25 ℃，pH7.5 条件下每分钟 A_{340} 下降值为 1.0 的所需的酶量为 1 个单位。

三、实验仪器、试剂和材料

1. 仪器

①冷冻离心机。②台式离心机。③分光光度计。④磁力搅拌器。⑤组织捣碎机。⑥移液管 5 mL（×2）、0.1 mL（×2）。⑦微量注射器 10 μL（×1）。⑧恒温水浴等。

2. 试剂

（1）PBS 缓冲液。

① 50 mmol/L pH6.5 磷酸氢二钾-磷酸二氢钾缓冲液母液：

A. 50 mmol/L K$_2$HPO$_4$：称 K$_2$HPO$_4$ 1.74 g 加蒸馏水溶解后定容至 200 mL。

B. 50 mmol/L KH$_2$PO$_4$：称 KH$_2$PO$_4$ 3.40 g 加蒸馏水溶解后定容至 500 mL。

取溶液 A 31.5 mL＋溶液 B 68.5 mL，调节 pH 至 6.5。置 4 ℃冰箱备用。

② 10 mmol/L pH 6.5 磷酸氢二钾－磷酸二氢钾缓冲液用上述母液稀释得到。现用现配。

③ 0.2 mol/L pH7.5 磷酸氢二钠－磷酸二氢钠缓冲液母液：

A. 0.2 mol/L Na_2HPO_4：称 $Na_2HPO_4 \cdot 12H_2O$ 71.64 g 加蒸馏水溶解后定容至 1 000 mL。

B. 0.2 mol/L NaH_2PO_4：称 $NaH_2PO_4 \cdot 2H_2O$ 31.21 g 加蒸馏水溶解后定容至 1 000 mL。

取溶液 A 84 mL＋溶液 B 16 mL，调节 pH 至 7.5。置 4 ℃冰箱备用。

④ 0.1 mol/L pH 7.5 磷酸氢二钠-磷酸二氢钠缓冲液，用上述母液稀释得到。现用现配。

（2）NADH 溶液。称 3.5 mg 纯 NADH 置试管中，加 0.1 mol/L pH 7.5 磷酸缓冲液 1 mL摇匀。现用现配。

（3）丙酮酸溶液。称 2.5 mg 丙酮酸钠，加 0.1 mol/L pH 7.5 磷酸缓冲液 29 mL，使其完全溶解。现用现配。

3. 材料

动物肌肉、肝、肾等组织。

四、实验步骤

1. 制备肌肉匀浆。称取 20 g 动物组织，按 $m/V=1/4$ 比例加入 4 ℃预冷的 10 mmol/L pH 6.5 磷酸氢二钾-磷酸二氢钾缓冲液，用组织捣碎机捣碎，每次 10 s，连续 3 次。将匀浆液倒入烧杯中，置 4 ℃冰箱中过夜提取，过滤后得到组织提取液。

2. LDH 活力测定。预先将丙酮酸钠溶液及 NADH 溶液放在 25 ℃水浴中预热。取 2 只石英比色杯，在 1 只比色杯中加入 0.1 mol/L pH 7.5 磷酸氢二钾-磷酸二氢钾缓冲液 3 mL，置于紫外分光光度计中，在 340 nm 处将吸光度调节至零；另一只比色杯用于测定 LDH 活力，依次加入丙酮酸钠溶液 2.9 mL、NADH 溶液 0.1 mL，加盖摇匀后，测定 340 nm 处吸光度（A_{340}）。取出比色杯加入经稀释的酶液 10 μL，立即计时，摇匀后，每隔 0.5 min 测 A_{340}，连续测定 3 min，以 A_{340} 对时间作图，取反应最初线性部分，计算每分钟 A_{340} 减少值。加入酶液的稀释度（或加入量）应控制每分钟 A_{340} 下降值为 0.1～0.2，重复 3 次实验。

五、实验结果

计算每毫升组织提取液中 LDH 活力单位。以每分钟内 340 nm 处吸光度变化 0.01 为 1个过氧化物酶活性单位。

$$酶活力 = \frac{\Delta A_{340} \times V_t}{W \times V_s \times 0.01 \times t}$$

式中，ΔA_{340} 为反应时间内吸光度的平均减小的值；W 为样品鲜重（g）；V_t 为提取酶液总体积（mL）；V_s 为测定时取用酶液体积（mL）；t 为反应时间（min）。

六、注意事项

1. 实验材料应尽量新鲜，如取材后不立即使用，则应贮存在－20 ℃冰箱。

2. 酶液的稀释度及加入量应控制每分钟 A_{340} 下降值为 0.1～0.2，以减少实验误差。

3. NADH 溶液应在临用前配制。

七、思考题

简述用紫外分光光度法测定以 NAD^+ 为辅酶的各种脱氢酶活力的测定原理。

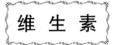

实验 37　维生素 C 质量的测定

维生素 C 是人类所需营养中最重要的维生素之一，缺乏时会产生坏血病，因而又称抗坏血酸（ascorbic acid）。它对物质代谢的调节具有重要的作用。近年来，发现它还有增强机体对肿瘤的抵抗力，并具有化学致癌物的阻断作用。人体内由于缺乏必需的古洛糖酸内酯氧化酶不可能使葡萄糖转化成维生素 C，因此必须从饮食中获得。新鲜的水果、蔬菜，如枣、辣椒、苦瓜、柿子叶、猕猴桃、柑橘等含量尤为丰富。不同栽培条件、不同成熟度都可影响水果、蔬菜中维生素 C 的含量，对维生素 C 含量的测定可以了解果蔬质量的高低。

Ⅰ 滴定法测定维生素 C 的含量——2，6 - 二氯酚靛酚滴定法

一、实验目的

学习用 2，6 - 二氯酚靛酚滴定法测定植物材料中维生素 C 含量的原理和方法，进一步掌握微量滴定法的基本操作技术。

二、实验原理

还原型维生素 C 可以还原染料 2，6 - 二氯酚靛酚（简称 2，6 - D），该染料在酸性溶液中呈粉红色（在中性或碱性溶液中呈蓝色），被还原后颜色消失。还原型维生素 C 还原染料后，本身被氧化成脱氢维生素 C。其反应如下：

还原型维生素 C　　染料（粉红色）　　氧化型维生素 C　　染料（无色）

在滴定终点之前，滴下的 2，6 - 二氯酚靛酚立即被还原成无色，当溶液从无色转变成微红色约在 15 s 内不褪色时，即为滴定终点。所用染液量与维生素 C 含量成正比，因此根据滴定度可以计算出样品中维生素 C 的含量。

三、实验仪器、试剂和材料

1. 仪器

①天平。②三角瓶（150 mL×4）。③组织捣碎机。④烧杯 100 mL。⑤碱式滴定管（10 mL）。⑥刻度吸管。⑦容量瓶（100 mL×2）。⑧漏斗。

2. 试剂

①1%草酸溶液：称取 10.0 g 草酸溶于少量蒸馏水中，定容至 1 000 mL。②2%草酸溶液：称取 20.0 g 草酸溶于少量蒸馏水中，定容至 1 000 mL。③标准维生素 C 溶液（0.05 mg/mL）：精确称取分析纯维生素 C 100 mg，用 1%草酸定容到 100 mL，然后取 5 mL，用 1%草酸定容到 100 mL，即为 0.05 mg/mL 的维生素 C 标准液。④0.001 mol/L 2，6-二氯酚靛酚溶液：精确称取 2，6-二氯酚靛酚 300 mg，溶于 500 mL 的热蒸馏水中，加入 1 mL 0.01 mol/L NaOH 溶液，强烈摇动 10 min；冷却后稀释到 1 000 mL。滤去不溶物，贮棕色瓶内 4 ℃保存，一周内有效。滴定样品前用标准维生素 C 标定。

3. 材料

水果或蔬菜。

四、实验步骤

1. 样品的提取。称取 100 g 新鲜水果或蔬菜加 100 mL 2%草酸溶液，用组织捣碎机打成匀浆，加 2 滴辛醇消泡。称取匀浆 30 g 移入 100 mL 容量瓶中，用 1%草酸定容到刻度，摇匀后过滤，滤液备用。

2. 样品滴定。吸取滤液 5 mL 放入 150 mL 三角瓶中，加入 1%草酸 5 mL，立即用 2，6-二氯酚靛酚溶液滴定至出现粉红色，15 s 内不褪色，记录所用滴定液体积，重复上述操作，取其平均值 V_1。

3. 空白滴定。吸取 10 mL 1%草酸放入 150 mL 三角瓶中，用 2，6-二氯酚靛酚滴定至终点，记录染液用量（V_0）。

4. 2，6-二氯酚靛酚溶液的标定。准确吸取 5 mL 维生素 C 标准液（0.05 mg/mL）于 150 mL 三角瓶中，加 5 mL 1%草酸溶液，用 2，6-二氯酚靛酚滴至粉红色（15 s 内不褪色即为终点）记录所用染液体积 V（mL），计算 1 mL 染液所能氧化维生素 C 的量（mg）。

五、结果与计算

(1) 滴定度 K [1 mL 2，6-D 所氧化维生素 C 的质量（mg）]。

$$K = \frac{0.05 \times 5}{V - V_0}$$

式中，V_0 为滴定空白所用染液体积（mL）；V 为滴定标准维生素 C 所用染液体积（mL）。

(2) 维生素 C 含量（mg/g）。

$$维生素 C 含量 = \frac{K(V_1 - V_0)}{W}$$

式中，K 为滴定度 [1 mL 2，6-D 所氧化维生素 C 的质量（mg）]；V_1 为滴定样品所用染液的体积（mL）；W 为测定用滤液所含样品的重量（g）；V_0 为滴定空白所用染液体积（mL）。

六、注意事项

1. 样品切碎后要尽快加酸提取，整个测定在 4 h 内完成，以减少维生素 C 的氧化损失。
2. 草酸及样品的提取液要避免日光直射。
3. 标定 2，6-D 溶液时的终点颜色与样品滴定时一致。
4. 避免与铜、铁器接触，以减少维生素 C 氧化。
5. 当样品本身带色时，测定前于样液中加 2～3 mL 二氯乙烷。在滴定过程中当二氯乙烷由无色变粉红色时，即达终点。

七、思考题

1. 染料 2，6-D 的特性有哪些？
2. 试述本试验介绍的 2，6-D 滴定法测定维生素 C 的优缺点。

Ⅱ 紫外比色法测定维生素 C 的含量

一、实验目的

学习和掌握比色法测定维生素 C 含量的原理和方法。

二、实验原理

滴定法测定维生素 C 含量，操作步骤烦琐，而且易受其他还原性物质、样品色素和测定时间的影响。紫外比色法是根据维生素 C 具有紫外吸收性质和对碱不稳定的特性，于 243 nm 处测定样品液与碱处理样品液两者吸光度之差，通过查标准曲线，即可计算样品中维生素 C 的含量。

三、实验仪器、试剂和材料

1. 仪器

①紫外分光光度计。②刻度吸管。③离心机。④刻度试管。⑤天平。⑥研钵（或捣碎机）。⑦容量瓶。

2. 试剂

①10％盐酸溶液：取浓盐酸（相对密度 1.19）134 mL，加水稀释至 500 mL。②1％盐酸溶液：取浓盐酸（相对密度 1.19）26.9 mL，加水稀释至 1 000 mL。③1 mol/L 氢氧化钠溶液：称取 40 g NaOH，加蒸馏水不断搅拌至溶解，然后定容至 1 000 mL。④标准维生素 C 溶液：准确称取维生素 C 10 mg，加 2 mL 10％盐酸，加蒸馏水定容至 100 mL，混匀。此溶液浓度为 100 μg/mL。

3. 材料

心里美萝卜、广柑、山楂等。

四、实验步骤

1. 标准曲线的制作。按下表加入试剂后，在 243 nm 处测定标准系列维生素 C 的吸光度，以维生素 C 含量为横坐标，以相应吸光度为纵坐标，制作标准曲线。

试剂 \ 管号	1	2	3	4	5	6	7	8
标准维生素C溶液（mL）	0.1	0.2	0.3	0.4	0.5	0.6	0.8	1.0
H_2O（mL）	9.9	9.8	9.7	9.6	9.5	9.4	9.2	9.0
总体积（mL）	10.0	10.0	10.0	10.0	10.0	10.0	10.0	10.0
维生素C浓度（μg/mL）	1.0	2.0	3.0	4.0	5.0	6.0	8.0	10.0
A_{243}								

2. 样品的测定。

（1）样品的提取。称取 5 g 样品于研钵中，加入 2～5 mL 1% 盐酸，研磨，转移到 50 mL 容量瓶中，稀释至刻度。若提取液澄清透明，则可直接取样测定，若有混浊，可通过离心（4 000 r/min，10 min）来消除。

（2）样品的测定。取 0.2 mL 提取液放入盛 0.4 mL 10% 盐酸的 10 mL 刻度试管中，用蒸馏水稀释至刻度后摇匀。以蒸馏水为空白，在 243 nm 处测其吸光度。

（3）待测碱处理液的制备。分别吸取 0.2 mL 提取液、2 mL 蒸馏水和 0.8 mL 1 mol/L 氢氧化钠溶液依次放入 10 mL 刻度试管中，混匀，15 min 后加入 0.8 mL 10% 盐酸，混匀，并定容至刻度。以蒸馏水为空白，在 243 nm 处测定其吸光度。

（4）由待测样品液与待测碱处理样品液的吸光度之差查标准曲线，即可计算出样品中维生素C的含量。

（5）也可直接以待测碱处理样品液为空白，测出待测液的吸光度，通过查标准曲线，计算出样品的维生素C的含量。

五、实验结果

$$维生素C的含量（\mu g/g）= \frac{\mu \times V_{总}}{V_1 \times W_{总}}$$

式中，μ 为从标准曲线上查得维生素C含量（μg）；V_1 为测吸光度时吸取样品溶液的体积（mL）；$V_{总}$ 为样品定容体积（mL）；$W_{总}$ 为称取的样品重量（g）。

六、注意事项

标准维生素C溶液要在使用前临时配制。

七、思考题

1. 紫外比色法快速测定维生素C的原理是什么？
2. 紫外比色法快速测定维生素C的优点有哪些？

实验 38　维生素 B_1 含量的测定

一、实验目的

1. 掌握维生素 B_1 的提取和含量测定的方法。

2. 掌握荧光分光光度计的使用方法。

二、实验原理

维生素 B_1（抗神经炎维生素）属于水溶性维生素，因含有硫及氨基，又名硫胺素。它在植物性食物中分布极广，谷类种子表层中含量更为丰富，麦麸、米糠和酵母均为维生素 B_1 的良好来源。维生素 B_1 易溶于水，故可利用较低浓度的硫酸溶液将其浸提出来，然后将其轻微氧化后（如在碱性高铁氰化钾溶液中），即生成黄色而带有蓝色荧光的胱氨维生素 B_1（硫色素、硫胺荧）。溶于正丁醇中的胱氨维生素 B_1 可显示深蓝色荧光，在紫外光下更为显著。荧光的强弱与维生素 B_1 含量成正比，此反应非常灵敏，可以测出 $0.01~\mu g$ 的维生素 B_1。由于特异性很高，可用来定量测定维生素 B_1。

三、实验仪、试剂和材料

1. 仪器

①试管。②试管架。③漏斗。④量筒。⑤吸量管。⑥洗耳球。⑦天平。⑧荧光分光光度计。

2. 试剂

①0.2 mol/L 硫酸溶液。②15‰NaOH 溶液。③$Na_2S_2O_4$。④正丁醇。⑤维生素 B_1 标准贮存液（0.1 mg/mL）：称干燥维生素 B_1 100.00 mg 溶于适量 0.01 mmol/L 盐酸中，再用 0.01 mmol/L 盐酸定容至 1 000 mL，4 ℃保存备用。⑥维生素 B_1 标准应用液（0.1 μg/mL）：将维生素 B_1 标准贮存液，用 0.01 mmol/L 盐酸稀释 1 000 倍，用冰醋酸调至 pH4.5（新鲜配制）。⑦碱性高铁氰化钾溶液：1 mL 1‰碱性高铁氰化钾溶液，用 15‰ NaOH 溶液稀释至 15 mL（新鲜配制，避光）。

3. 材料

米糠。

四、实验步骤

1. 维生素 B_1 的提取。取米糠约 1.00 g，置试管中。加入 0.2 mol/L 硫酸溶液 5 mL，用力振荡，以提取维生素 B_1。室温放置 10 min 后，用滤纸过滤，取滤液，即为待测样品。

2. 维生素 B_1 的测定。取 4 只试管编号为 1、2、3、4 号。按下表依次加入各种试剂。

试剂 \ 管号	1	2	3	4
待测样品（mL）	5	5	0	0
碱性高铁氰化钾溶液（mL）	3	0	3	0
15% NaOH 溶液（mL）	0	3	0	3
维生素 B_1 标准应用液（mL）	0	0	3	3
正丁醇（mL）	10	10	10	10

将 1、2、3、4 号管分别加入 10 mL 正丁醇后，剧烈振荡 90 min，使正丁醇与碱性溶液清楚分层。将各管下层的水相吸出，各管有机相中加入 $Na_2S_2O_4$ 固体 1～2 g，摇匀，离心。

用荧光分光光度计分别测定各管正丁醇萃取液的荧光度。激发波长 575 nm，发射波长 435 nm，狭缝 10 nm，取样量 5 mL。

五、实验结果

$$维生素 B_1 的浓度 (\mu g/mL) = (A-B)/(C-D) \times 0.1 \times 25/V$$

式中，A 为样品管（1 号管）的荧光度；B 为样品空白管（2 号管）的荧光度；C 为标准管（3 号管）的荧光度；D 为标准空白管（4 号管）的荧光度；V 为样品的体积（mL）。

六、注意事项

与蛋白质结合的维生素 B_1 也能形成硫胺素，但不能用正丁醇萃取。因此，要测定结合形式的硫胺素时，必须先用磷酸酶或硫酸水解，使其从蛋白质中释放出来。

七、思考题

1. 维生素 B_1 与辅酶有何关系？它与哪类代谢有关？
2. 哪些物质中含有丰富的维生素 B_1？维生素 B_1 缺乏症有何症状？
3. 影响荧光测定的关键因素有哪些？如何提高测定的准确度？

附　　录

1. 常用缓冲液的配制

（1）甘氨酸-盐酸缓冲液（0.05 mol/L）

x mL 0.2 mol/L 甘氨酸＋y mL 0.2 mol/L HCl，再加水稀释至 200 mL。

pH	x	y	pH	x	y
2.2	50	44.0	3.0	50	11.4
2.4	50	32.4	3.2	50	8.2
2.6	50	24.2	3.4	50	6.4
2.8	50	16.8	3.6	50	5.0

甘氨酸相对分子质量＝75.07，0.2 mol/L 溶液含甘氨酸 15.01 g/L。

（2）邻苯二甲酸氢钾-盐酸缓冲液（0.05 mol/L）

x mL 0.2 mol/L 邻苯二甲酸氢钾＋y mL 0.2 mol/L HCl，再加水稀释至 20 mL。

pH（20℃）	x	y	pH（20℃）	x	y
2.2	5	4.670	3.2	5	1.470
2.4	5	3.960	3.4	5	0.990
2.6	5	3.295	3.6	5	0.597
2.8	5	2.642	3.8	5	0.263
3.0	5	2.022			

邻苯二甲酸氢钾相对分子质量＝204.23，0.2 mol/L 溶液含邻苯二甲酸氢钾 40.85 g/L。

（3）磷酸氢二钠-柠檬酸缓冲液

pH	0.2 mol/L Na_2HPO_4 (mL)	0.1 mol/L 柠檬酸 (mL)	pH	0.2 mol/L Na_2HPO_4 (mL)	0.1 mol/L 柠檬酸 (mL)
2.2	0.40	19.60	5.2	10.72	9.28
2.4	1.24	18.76	5.4	11.15	8.85
2.6	2.18	17.82	5.6	11.60	8.40
2.8	3.17	16.83	5.8	12.09	7.91
3.0	4.11	15.89	6.0	12.63	7.37
3.2	4.94	15.06	6.2	13.22	6.78
3.4	5.70	14.30	6.4	13.85	6.15
3.6	6.44	13.56	6.6	14.55	5.45
3.8	7.10	12.90	6.8	15.45	4.55
4.0	7.71	12.29	7.0	16.47	3.53
4.2	8.28	11.72	7.2	17.39	2.61
4.4	8.82	11.18	7.4	18.17	1.83
4.6	9.35	10.65	7.6	18.73	1.27
4.8	9.86	10.14	7.8	19.15	0.85
5.0	10.30	9.70	8.0	19.45	0.55

磷酸氢二钠相对分子质量＝141.96，0.2 mol/L 溶液含磷酸氢二钠 28.39 g/L。

$Na_2HPO_4 \cdot 2H_2O$ 相对分子质量＝177.99，0.2 mol/L 溶液含 $Na_2HPO_4 \cdot 2H_2O$ 35.60 g/L。

柠檬酸（$C_6H_8O_7 \cdot H_2O$）相对分子质量＝210.14，0.1 mol/L 溶液含 $C_6H_8O_7 \cdot H_2O$ 21.01 g/L。

（4）柠檬酸-氢氧化钠-盐酸缓冲液

pH	钠离子浓度 （mol/L）	$C_6H_8O_7 \cdot H_2O$ （g）	97%氢氧化钠 （g）	浓盐酸 （mL）	最终体积 （L）
2.2	0.2	210	84	160	10
3.1	0.2	210	83	116	10
3.3	0.2	210	83	106	10
4.3	0.2	210	83	45	10
5.3	0.35	245	144	68	10
5.8	0.45	285	186	105	10
6.5	0.38	266	156	126	10

使用时可往每升溶液中加入 1 g 酚，若最终 pH 有变化，再用少量 50%氢氧化钠溶液或浓盐酸调节，放置冰箱保存。

（5）柠檬酸-柠檬酸钠缓冲液（0.1 mol/L）

pH	0.1 mol/L 柠檬酸（mL）	0.1 mol/L 柠檬酸钠（mL）	pH	0.1 mol/L 柠檬酸（mL）	0.1 mol/L 柠檬酸钠（mL）
3.0	18.6	1.4	5.0	8.2	11.8
3.2	17.2	2.8	5.2	7.3	12.7
3.4	16.0	4.0	5.4	6.4	13.6
3.6	14.9	5.1	5.6	5.5	14.5
3.8	14.0	6.0	5.8	4.7	15.3
4.0	13.1	6.9	6.0	3.8	16.2
4.2	12.3	7.7	6.2	2.8	17.2
4.4	11.4	8.6	6.4	2.0	18.0
4.6	10.3	9.7	6.6	1.4	18.6
4.8	9.2	10.8			

柠檬酸（$C_6H_8O_7 \cdot H_2O$）相对分子质量=210.14，0.1 mol/L 溶液含 $C_6H_8O_7 \cdot H_2O$ 21.01 g/L。

柠檬酸钠（$Na_3C_6H_8O_7 \cdot H_2O$）相对分子质量=294.12，0.1 mol/L 溶液含柠檬酸钠 29.41 g/L。

（6）乙酸-乙酸钠缓冲液（0.2 mol/L）

pH（18 ℃）	0.2 mol/L NaAc（mL）	0.2 mol/L HAc（mL）	pH（18 ℃）	0.2 mol/L NaAc（mL）	0.2 mol/L HAc（mL）
3.6	0.75	9.25	4.8	5.90	4.10
3.8	1.20	8.80	5.0	7.00	3.00
4.0	1.80	8.20	5.2	7.90	2.10
4.2	2.65	7.35	5.4	8.60	1.40
4.4	3.70	6.30	5.6	9.10	0.90
4.6	4.90	5.10	5.8	9.40	0.60

$NaAc \cdot 3H_2O$ 相对分子质量=136.09，0.2 mol/L 溶液含柠檬酸钠 27.22 g/L。

（7）磷酸盐缓冲液

A. 磷酸氢二钠-磷酸二氢钠缓冲液（0.2 mol/L）

pH	0.2 mol/L Na$_2$HPO$_4$（mL）	0.2 mol/L NaH$_2$PO$_4$（mL）	pH	0.2 mol/L Na$_2$HPO$_4$（mL）	0.2 mol/L NaH$_2$PO$_4$（mL）
5.8	8.0	92.0	7.0	61.0	39.0
5.9	10.0	90.0	7.1	67.0	33.0
6.0	12.3	87.7	7.2	72.0	28.0
6.1	15.0	85.0	7.3	77.0	23.0
6.2	18.5	81.5	7.4	81.0	19.0
6.3	22.5	77.5	7.5	84.0	16.0
6.4	26.5	73.5	7.6	87.0	13.0
6.5	31.5	68.5	7.7	89.5	10.5
6.6	37.5	62.5	7.8	91.5	8.5
6.7	43.5	56.5	7.9	93.0	7.0
6.8	49.0	51.0	8.0	94.7	5.3
6.9	55.0	45.0			

Na$_2$HPO$_4$ · 2H$_2$O 相对分子质量＝178.05，0.2 mol/L 溶液含 Na$_2$HPO$_4$ · 2H$_2$O 35.61 g/L。

Na$_2$HPO$_4$ · 12H$_2$O 相对分子质量＝358.22，0.2 mol/L 溶液含 Na$_2$HPO$_4$ · 12H$_2$O 71.64 g/L。

NaH$_2$PO$_4$ · H$_2$O 相对分子质量＝138.01，0.2 mol/L 溶液含 NaH$_2$PO$_4$ · H$_2$O 27.6 g/L。

NaH$_2$PO$_4$ · 2H$_2$O 相对分子质量＝156.03，0.2 mol/L 溶液含 NaH$_2$PO$_4$ · 2H$_2$O 31.21 g/L。

B. 磷酸氢二钠-磷酸二氢钾缓冲液（1/15 mol/L）

pH	1/15 mol/L Na$_2$HPO$_4$（mL）	1/15 mol/L KH$_2$PO$_4$（mL）	pH	1/15 mol/L Na$_2$HPO$_4$（mL）	1/15 mol/L KH$_2$PO$_4$（mL）
4.92	0.10	9.90	7.17	7.00	3.00
5.29	0.50	9.50	7.38	8.00	2.00
5.91	1.00	9.00	7.73	9.00	1.00
6.24	2.00	8.00	8.04	9.50	0.50
6.47	3.00	7.00	8.34	9.75	0.25
6.64	4.00	6.00	8.67	9.90	0.10
6.81	5.00	5.00	8.18	10.00	0
6.98	6.00	4.00			

Na$_2$HPO$_4$ · 2H$_2$O 相对分子质量＝178.05，1/15 mol/L 溶液含 Na$_2$HPO$_4$ · 2H$_2$O 11.876 g/L。

KH$_2$PO$_4$ 相对分子质量＝136.09，1/15 mol/L 溶液含 KH$_2$PO$_4$ 9.073 g/L。

（8）巴比妥钠-盐酸缓冲液

pH (18 ℃)	0.04 mol/L 巴比妥钠溶液（mL）	0.2 mol/L 盐酸（mL）	pH (18 ℃)	0.04 mol/L 巴比妥钠溶液（mL）	0.2 mol/L 盐酸（mL）
6.8	100	18.4	8.4	100	5.21
7.0	100	17.8	8.5	100	3.82
7.2	100	16.7	8.8	100	2.52
7.4	100	15.3	9.0	100	1.65
7.6	100	13.4	9.2	100	1.13
7.8	100	11.47	9.4	100	0.70
8.0	100	9.39	9.6	100	0.35
8.2	100	7.21			

巴比妥钠相对分子质量=206.18，0.04 mol/L 溶液含巴比妥钠 8.25 g/L。

（9）Tris-盐酸缓冲液（0.05 mol/L）

50 mL 0.1 mol/L 三羟甲基氨基甲烷（Tris）溶液与 x mL 0.1 mol/L HCl 混匀后，加水稀释至 100 mL。

pH (25 ℃)	x	pH (25 ℃)	x
7.10	45.7	8.10	26.2
7.20	44.7	8.20	22.9
7.30	43.4	8.30	19.9
7.40	42.0	8.40	17.2
7.50	40.3	8.50	14.7
7.60	38.5	8.60	12.4
7.70	36.6	8.70	10.3
7.80	34.5	8.80	8.5
7.90	32.0	8.90	7.0
8.00	29.2		

三羟甲基氨基甲烷（Tris）相对分子质量=121.14，0.1 mol/L 溶液含 Tris 12.114 g/L。

（10）甘氨酸-氢氧化钠缓冲液（0.05 mol/L）

x mL 0.2 mol/L 甘氨酸＋y mL 0.2 mol/L NaOH，加水稀释至 200 mL。

pH	x	y	pH	x	y
8.6	50	4.0	9.6	50	22.4
8.8	50	6.0	9.8	50	27.2
9.0	50	8.8	10.0	50	32.0
9.2	50	12.0	10.4	50	38.6
9.4	50	16.8	10.6	50	45.5

甘氨酸相对分子质量=75.07，0.2 mol/L 溶液含甘氨酸 15.01 g/L。

（11）碳酸钠-碳酸氢钠缓冲液（0.1 mol/L，Ca^{2+}、Mg^{2+}存在时不得使用）

pH		0.1 mol/L Na_2CO_3	0.1 mol/L $NaHCO_3$
20 ℃	37 ℃	（mL）	（mL）
9.16	8.77	1	9
9.40	9.12	2	8
9.51	9.40	3	7
9.78	9.50	4	6
9.90	9.72	5	5
10.14	9.90	6	4
10.28	10.08	7	3
10.53	10.28	8	2
10.83	10.57	9	1

$Na_2CO_3 \cdot 10H_2O$ 相对分子质量＝286.2，0.1 mol/L 溶液含 $Na_2CO_3 \cdot 10H_2O$ 28.62 g/L。

$NaHCO_3$ 相对分子质量＝84.0，0.1 mol/L 溶液含 $NaHCO_3$ 8.40 g/L。

（12）氯化钾-盐酸缓冲液（0.05 mol/L，pH 1.0～2.2，25 ℃）

25 mL 0.2 mol/L 氯化钾溶液＋x mL 0.2 mol/L HCl，加水稀释至 100 mL。

pH	x	pH	x	pH	x
1.0	67.0	1.5	20.7	2.0	6.5
1.1	52.8	1.6	16.2	2.1	5.1
1.2	42.5	1.7	13.0	2.2	3.9
1.3	33.6	1.8	10.2		
1.4	26.6	1.9	8.1		

氯化钾相对分子质量＝74.55，0.2 mol/L 溶液含氯化钾 14.919 g/L。

（13）磷酸二氢钾-氢氧化钠缓冲液

50 mL 0.1 mol/L 磷酸二氢钾＋x mL 0.1 mol/L NaOH，加水稀释至 100 mL。

pH	x	pH	x	pH	x
5.8	3.6	6.6	16.4	7.4	39.1
5.9	4.6	6.7	19.3	7.5	40.9
6.0	5.6	6.8	22.4	7.6	42.4
6.1	6.8	6.9	25.9	7.7	43.5
6.2	8.1	7.0	29.1	7.8	44.5
6.3	9.7	7.1	32.1	7.9	45.3
6.4	11.6	7.2	34.7	8.0	46.1
6.5	13.9	7.3	37.0		

磷酸二氢钾相对分子质量＝136.0，0.1 mol/L 溶液含磷酸二氢钾 13.60 g/L。

（14）硼酸-硼砂缓冲液

pH	0.05 mol/L 硼砂（mL）	0.2 mol/L 硼酸（mL）	pH	0.05 mol/L 硼砂（mL）	0.2 mol/L 硼酸（mL）
7.4	1.0	9.0	8.2	3.5	6.5
7.6	1.5	8.5	8.4	4.5	5.5
7.8	2.0	8.0	8.7	6.0	4.0
8.0	3.2	7.0	9.0	8.0	2.0

硼砂（$Na_2B_4O_7 \cdot 10H_2O$）相对分子质量＝381.37，0.05 mol/L 溶液含硼砂 19.068 5 g/L。

硼酸相对分子质量＝61.83，0.2 mol/L 溶液含硼酸 12.366 g/L。

（15）硼砂缓冲液

50 mL 0.05 mol/L 硼砂＋x mL 0.1 mol/L HCl，加水至 100 mL。

pH	x	pH	x	pH	x
8.1	19.7	9.0	4.6	10.1	19.5
8.2	18.8	9.3	3.6	10.2	20.5
8.3	17.7	9.4	6.2	10.3	21.3
8.4	16.6	9.5	8.8	10.4	22.1
8.5	15.2	9.6	11.1	10.5	22.7
8.6	13.5	9.7	13.1	10.6	23.3
8.7	11.6	9.8	15.0	10.7	23.8
8.8	9.4	9.9	16.7		
8.9	7.1	10.0	18.3		

硼砂（$Na_2B_4O_7 \cdot 10H_2O$）相对分子质量＝381.37，0.05 mol/L 溶液含硼砂 19.068 5 g/L。

2. 硫酸铵饱和度常用表

A. 硫酸铵溶液饱和度计算表（0 ℃）

		硫酸铵最终饱和度（%）														
		20	25	30	35	40	45	50	55	60	65	70	75	80	85	90	100
	0	106	134	164	194	226	258	291	326	361	398	436	476	516	559	603	697
	10	53	81	109	139	169	200	233	266	301	337	374	412	452	493	536	627
	20	0	27	55	83	113	143	175	207	241	276	312	349	387	427	469	557
	25		0	27	56	84	115	146	179	211	245	280	317	355	395	436	522
	30			0	28	56	86	117	148	181	214	249	285	323	362	402	488
	35				0	28	57	87	118	151	184	218	254	291	329	369	453
硫酸	40					0	29	58	89	120	153	187	222	258	296	335	418
铵初	45						0	29	59	90	123	156	190	226	263	302	383
始饱	50							0	30	60	92	125	159	194	230	268	348
和度	55								0	30	61	93	127	161	197	235	313
（%）	60									0	31	62	95	129	164	201	279
	65										0	31	63	97	132	168	244
	70											0	32	65	99	134	209
	75												0	32	66	101	174
	80													0	33	67	139
	85														0	34	105
	90															0	70

注：在 0 ℃时，硫酸铵溶液由初始浓度调到终浓度时，每升溶液所需加的固体硫酸铵的质量（g）。

B. 硫酸铵溶液饱和度计算表（25 ℃）

		硫酸铵最终饱和度（%）															
		10	20	25	30	33	35	40	45	50	55	60	65	70	75	80	90	100
	0	56	114	144	176	196	209	243	277	313	351	390	430	472	516	561	662	767
	10		57	86	118	137	150	183	216	251	288	326	365	406	449	494	592	694
	20			29	59	78	91	123	155	189	225	262	300	340	382	424	520	619
	25				30	49	61	93	125	158	193	230	267	307	348	390	485	583
	30					19	30	62	94	127	162	198	235	273	314	356	449	546
硫酸	33						12	43	74	107	142	177	214	252	292	333	426	522
铵初	35							31	63	94	129	164	200	238	278	319	411	506
始饱	40								31	63	97	132	168	205	245	285	375	469
和度	45									32	65	99	134	171	210	250	339	431
（%）	50										33	66	101	137	176	214	302	392
	55											33	67	103	141	179	264	353
	60												34	69	105	143	227	314
	65													34	70	107	190	275
	70														35	72	153	237
	75															36	115	198
	80																77	157
	90																	79

注：在 25 ℃时，硫酸铵溶液由初始浓度调到终浓度时，每升溶液所需加的固体硫酸铵的质量（g）。

C. 不同温度下的饱和硫酸铵溶液相关参数

温度（℃）	0	10	20	25	30
每 1 000 g 水中含硫酸铵的量（mol）	5.35	5.53	5.73	5.82	5.91
质量分数（%）	41.42	42.22	43.09	43.47	43.85
1 000 mL 水中硫酸铵饱和所需质量（g）	706.8	730.5	755.8	766.8	777.5
每升饱和溶液含硫酸铵质量（g）	514.8	525.2	536.5	541.2	545.9
饱和溶液的浓度（mol/L）	3.90	3.97	4.06	4.10	4.13

3. 常用层析数据

表附 1　常用离子交换纤维素

性质		离子交换剂	游离基团	结构
	中等碱性	AE	氨基乙基	$-CH_2CH_2NH_2$
		DEAE	二乙基氨基乙基	$-CH_2CH_2N(C_2H_5)_2$
		TEAE	三乙基氨基乙基	$-CH_2CH_2N(C_2H_5)_3$
	强碱性	GE	胍基乙基	$-CH_2CH_2NHC(=NH)-NH_2$
阴离子交换剂	弱碱性	PAB	对氨基苯甲基	$-CH_2-\bigcirc-NH_2$
	中等碱性	ECTEOLA	三乙醇胺经甘油和多聚甘油偶联于纤维素的混合基团（混合胺类）	
		DBD	苯甲基化的 DEAE 纤维素	
		BND	苯甲基化萘酚化的 DEAE 纤维素	
		PEL	聚乙烯亚胺吸附于纤维素或较弱磷酸化的纤维素	

（续）

性质		离子交换剂	游离基团	结构
	弱酸性	CW	羧甲基	—CH$_2$COOH
	中等酸性	P	磷酸	$-\overset{\displaystyle O}{\underset{\displaystyle OH}{P}}-OH$
阳离子交换剂	强酸性	SE	磺酸乙基	$-CH_2CH_2\overset{\displaystyle O}{\underset{\displaystyle O}{S}}OH$
		SP	磺酸丙基	$-C_3H_6\overset{\displaystyle O}{\underset{\displaystyle O}{S}}OH$
	强碱性	QAE	二乙基（2-羟丙基）季胺	$-C_2H_4N^+(C_2H_5)$ CH$_2$CHCH$_2$ OH

表附 2　葡萄糖凝胶的某些技术数据

种类	干颗粒直径（μm）	相对分子质量分级范围		床体积（mg/L，干凝胶）	得水值	溶胀最少平衡时间（h）		柱头压力
		肽及球形蛋白质	葡聚糖（线状分子）			室温	沸水浴	
Sephadex G-10	40～120	～700	～700	2～3	1.0±0.1	3	1	
Sephadex G-15	40～120	～1 500	～1 500	2.5～3.5	1.5±3.5	3	1	
Sephadex G-25								
粗级	100～300							
中级	50～150	1 000～5 000	100～5 000	4～6	1.5±0.2	6	2	
细级	20～800							
超细	10～40							
Sephadex G-50								
粗级	100～200							
中级	50～150	1500～30 000	500～10 000	9～11	5.0±0.3	6	2	
细级	20～80							
超细	10～40							
Sephadex G-75	40～120	3 000～70 000	1 000～50 000	12～15	7.5±0.5	24	3	40～160
超细	10～40							
Sephadex G-100	40～120	4 000～1 500 000	1 000～150 000	15～20	10.0±1.0	48	5	24～96
超细	10～40							
Sephadex G-150	40～120	5 000～400 000	1 000～150 000	2 0～30	15.0±1.5	72	5	9～36
超细	10～40			18～22				
Sephadex G-200	40～120	5 000～800 000	1 000～200 000	30～40	30.0±2.0	72	5	4～16
	10～40			20～25				

表附 3　生物凝胶的技术数据

型号	排阻的下限	分级分离范围	膨胀后的床体积 （mL/g，干凝胶）	膨胀所需最小时间 （室温，h）
Bio-gel-P-2	1 600	200～2 000	3.8	2～4
Bio-gel-P-4	3 600	500～4 000	5.8	2～4
Bio-gel-P-6	4 600	1 000～5 000	8.8	2～4
Bio-gel-P-10	10 000	5 000～17 000	12.4	2～4
Bio-gel-P-30	30 000	20 000～50 000	14.9	10～12
Bio-gel-P-60	60 000	30 000～100 000	19.0	10～12
Bio-gel-P-100	100 000	40 000～100 000	19.0	24
Bio-gel-P-150	150 000	50 000～150 000	24.0	24
Bio-gel-P-200	200 000	80 000～200 000	34.0	48
Bio-gel-P-300	300 000	100 000～400 000	40.0	48

表附 4　琼脂糖凝胶的技术数据

型号	琼脂糖含量 （m/m）	排阻的下限 （相对分子质量）	分级分离的范围 （相对分子质量）	生产厂家
Sepharose 4B	4		$(0.3\times10^6)\sim(3\times10^6)$	Pharmacia
Sepharose 2B			$(2\times10^6)\sim(25\times10^6)$	
Sagavac 10	10	2.5×10^5	$(1\times10^4)\sim(2.5\times10^5)$	
Sagavac 8	8	7×10^5	$(2.5\times10^4)\sim(7\times10^5)$	
Sagavac 6	6	2×10^6	$(5\times10^4)\sim(2\times10^6)$	Seravac
Sagavac 4	4	15×10^6	$(2\times10^4)\sim(15\times10^6)$	
Sagavac 2	2	150×10^6	$(5\times10^5)\sim(15\times10^7)$	
Bio-gel A-0.5M	10	0.5×10^6	$<(1\times10^4)\sim(0.5\times10^6)$	
Bio-gel A-1.5M	8	1.5×10^6	$<(1\times10^4)\sim(1.5\times10^6)$	
Bio-gel A-5M	6	5×10^6	$(1\times10^4)\sim(5\times10^6)$	Bio-Rad
Bio-gel A-15M	4	15×10^6	$(4\times10^4)\sim(15\times10^6)$	
Bio-gel A-50M	2	50×10^6	$(1\times10^5)\sim(50\times10^6)$	
Bio-gel A-150M	1	150×10^6	$(1\times10^6)\sim(150\times10^6)$	

表附 5　各种凝胶所允许的最大操作压

凝　　胶	最大静水压（cm H₂O 柱）
Sephadex	
G-10	100
G-15	100
G-25	100
G-50	100
G-75	50
G-100	35
G-150	15
G-200	10
Bio-gel	
P-2	100
P-4	100
P-6	100
P-10	100
P-30	100
P-60	100
P-100	60
P-150	30
P-200	20
P-300	15
Sepharose	
2B	1（每厘米凝胶浓度）
4B	1（同上）
Bio-gel	
A-0.5M	100
A-1.5M	100
A-5M	100
A-15M	90
A-50M	50
A-150M	30

注：1 cm H₂O柱＝98.066 5 Pa。

4. 离心机转数与相对离心力的换算

r 为离心机头的半径（角头），或离心管中轴底部内壁到离心机转轴中心的距离（甩平头），单位为厘米（cm）。

rpm 为离心机每分钟的转速。RCF 为相对离心力，以地心引力即重力加速度的倍数来表示，一般用 g（或数字$\times g$）表示。离心机转数与离心力的列线图是由下述公式计算而来的：

$$RCF = 1.119 \times 10^{-5} \times r \times (rpm)^2$$

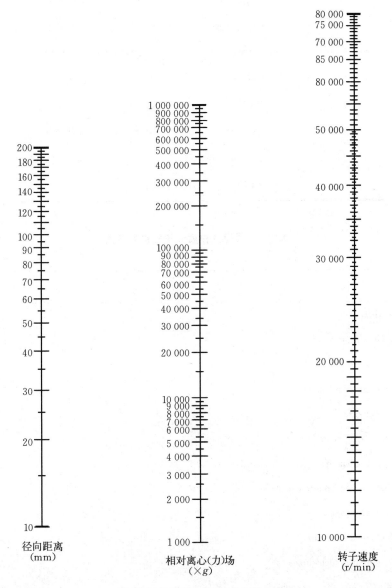

径向距离	相对离心(力)场	转子速度
（mm）	（$\times g$）	（r/min）

离心机转数与离心力的列线图

将离心机转数换算为离心力时，首先，在 r 标尺上取已知的半径，在 rpm 标尺上取已知的离心机转数，然后，将这两点间划一条直线，在图中间 RCF 标尺上的交叉点即为相应离心力数值。注意，若已知转数值处于 rpm 标尺的右边，则应读取 RCF 标尺右边的数值。同样，转数值处于 rpm 标尺左边，则读取 RCF 标尺左边的数值。

5. 常见蛋白质分子质量和等电点参考值

表附6　常用蛋白质分子质量标准参照物

高分子质量标准参照		中分子质量标准参物		低分子质量标准参照	
蛋白质	相对分子质量	蛋白质	相对分子质量	蛋白质	相对分子质量
肌球蛋白	212 000	磷酸化酶 B	97 400	碳酸酐酶	31 000
β 半乳糖苷酶	116 000	牛血清清蛋白	66 200	大豆胰蛋白酶制剂	21 500
磷酸化酶 B	97 400	谷氨酸脱氢酶	55 000	马心肌球蛋白	16 900
牛血清清蛋白	66 200	卵清蛋白	42 700	溶菌酶	14 400
过氧化氢酶	57 000	醛缩酶	40 000	肌球蛋白（F1）	8 100
醛缩酶	40 000	碳酸酐酶	31 000	肌球蛋白（F2）	6 200
		大豆胰蛋白酶抑制剂	21 500	肌球蛋白（F3）	2 500
		溶菌酶	14 400		

表附7　常见蛋白质分子质量参考值

单位：dalton

蛋　白　质	分子质量
肌球蛋白（myosin）	220 000
亮氨酸氨肽酶（leucine aminopeptidase）	255 000
甲状腺球蛋白（thyroglobulin）	165 000
β 半乳糖苷酶（β‑galactosidase）	130 000
副肌球蛋白（paramyosin）	100 000
磷酸化酶 a（phosphorylase a）	94 000
血清白蛋白（serum albumin）	68 000
L‑氨基酸氧化酶（L‑amino acid oxidase）	63 000
地氧化氢酶（catalase）	60 000
丙酮酸激活酶（pyruvate kinase）	57 000
谷氨酸脱氢酶（glutamate dehydrogenase）	53 000
γ 球蛋白，H 链（γ‑globulin，H chain）	50 000
延胡索酸酶（反丁烯二酸酶）（fumarase）	49 000
卵白蛋白（ovalbumin）	43 000
醇脱氢酶（肝）〔alcohol dehydrogenase（liver）〕	41 000
烯醇酶（enolase）	41 000

（续）

蛋　白　质	分子质量
醛缩酶（aldolase）	40 000
肌酸激酶（creatine kinase）	40 000
胃蛋白酶原（pepsinogen）	40 000
D-氨基酸氧化酶（D-amino acid oxidase）	37 000
醇脱氢酶（酵母）[alcohol dehydrogenase（yeast）]	37 000
甘油醛磷酸脱氢酶（dlyceraldehyde phosphate dehydrogenase）	36 000
原肌球蛋白（tropomyosin）	36 000
乳酸脱氢酶（lactate dehydrgenase）	36 000
胃蛋白酶（pepsin）	35 000
转磷酸核糖基酶（phosphoribosyl transferase）	35 000
天冬氨酸氨甲酰转移酶，C链（aspertate transcarbamylase，C chain）	34 000
羧肽酶 A（carboxypeptidase A）	34 000
碳酸酐酶（carbonic anhydrase）	29 000
枯草杆菌蛋白酶（subtilisin）	27 600
γ球蛋白，L链（γ-blobulin，L chain）	23 500
糜蛋白酶原（胰凝乳蛋白酶原）（chymotrypsinogen）	25 700
胰蛋白酶（trypsin）	23 300
木瓜蛋白酶（羧甲基）[papain（carboxymethyl）]	23 000
β乳球蛋白（β-lactoglobulin）	18 400
烟草花叶病毒外壳蛋白（TWV 外壳蛋白）（TWV coat protein）	17 500
肌红蛋白（myoglobin）	17 200
天冬氨酸氨甲酰转移酶，R链（aspartate transcarbamylase，R chain）	17 000
血红蛋白 [h（a）emoglobin]	15 500
Qβ外壳蛋白（Qβ coat protein）	15 000
溶菌酶（lysozyme）	14 300
R_{17}外壳蛋白（R_{17} coat protein）	13 750
核糖核酸酶（ribonuclease 或 RNase）	13 700
细胞色素 c（cytochrome c）	11 700
糜蛋白酶（胰凝乳蛋白酶）（chymotrypsin）	11 000 或 13 000

表附 8　常见蛋白质等电点参考值

单位：pH

蛋白质	等电点	蛋白质	等电点
$α_1$ 脂蛋白（$α_1$-lipoprotein）	5.5	β 卵黄脂磷蛋白（β-lipovitellin）	5.9
$β_1$ 脂蛋白（$β_1$-lipoprotein）	5.4	胸腺组蛋白（thymohistone）	10.8
卵黄蛋白（livetin）	4.8～5.0	珠蛋白（人）[globin（human）]	7.5
肌球蛋白 A（myosin A）	5.2～5.5	血清白蛋白（serum albumin）	4.7～4.9
原肌球蛋白（myosin A）	5.1	β 乳球蛋白（β-lactoglobulin）	5.1～5.3
铁传递蛋白（siderophilin）	5.9	血纤蛋白原（fibrinogen）	5.5～5.8
胎球蛋白（fetuin）	3.4～3.5	α 眼晶体蛋白（α-crystallin）	4.8
牛痘病毒（vaccinia virus）	5.3	β 眼晶体蛋白（β-crystallin）	6.0
生长激素（somatotropin）	6.85	伴花生球蛋白（conarrachin）	3.9
催乳激素（prolactin）	5.73	α 卵清黏蛋白（α-ovomucoid）	3.83～4.41
胰岛素（insulin）	5.35	$α_1$ 黏蛋白（$α_1$-mucoprotein）	1.8～2.7
胃蛋白酶（pepsin）	1.0 左右	卵黄类黏蛋白（vitellomucoid）	5.5
角蛋白类（keratins）	3.7～5.0	尿促性腺激素（urinary gonadotropin）	3.2～3.3
还原角蛋白（keratein）	4.6～4.7	血红蛋白（人）[hemoglobin（human）]	7.07
胶原蛋白（collagen）	6.5～6.8	血红蛋白（鸡）[hemoglobin（hen）]	7.23
鱼胶（ichthyocol）	4.8～5.2	血红蛋白（马）[hemoglobin（horse）]	6.92
白明胶（gelatin）	4.7～5.0	血蓝蛋白（hemerythrin）	4.6～6.4
视紫质（rhodopsin）	4.47～4.57	蚯蚓血红蛋白（chlorocruorin）	5.6
溶菌酶（lyso zyme）	11.0～11.2	血绿蛋白（chlorocruorin）	4.3～4.5
肌红蛋白（myoglobin）	6.99	无脊椎血红蛋白（erythrocruorins）	4.6～6.2
α 酪蛋白（α-casein）	4.0～4.1	细胞色素 c（cytochrome c）	9.8～10.1
β 酪蛋白（β-casein）	4.5	$γ_1$ 球蛋白（人）[$γ_1$-globulin（human）]	5.8；6.6
γ 酪蛋白（γ-casein）	5.8～6.0	$γ_2$ 球蛋白（人）[$γ_2$-globulin（human）]	7.3；8.2
鲑精蛋白（salmine）	12.1	促凝血酶原激酶（thromboplastin）	5.2
鲱精蛋白（clupeine）	12.1	芜菁黄花病毒（turnip yellow virus）	3.75
鲟精蛋白（sturline）	11.71	糜蛋白酶（胰凝乳蛋白酶）（chymotrypsin）	8.1
卵白蛋白（ovalbuin）	4.71；4.59	牛血清白蛋白（bovine serum albumin）	4.9
伴清蛋白（conal bumin）	6.8；7.1	核糖核酸酶（牛胰）[ribonuclease 或 Rnase（bovine pancreas）]	7.8
肌清蛋白（myoal bumin）	3.5	甲状腺球蛋白（thyroglobulin）	4.58
肌浆蛋白（myogen A）	6.3	胸腺核组蛋白（thymonucleohistone）	4 左右
花生球蛋白（arachin）	5.1		

参 考 文 献

北京师范大学生物系生物化学教研室，1982. 基础生物化学实验 [M]. 北京：高等教育出版社.

陈破垒，1995. 生物化学研究技术 [M]. 北京：中国农业出版社.

陈薇，2013. 蛋白质纯化指南 [M]. 北京：科学出版社.

陈毓荃，2002. 生物化学实验方法和技术 [M]. 北京：科学出版社.

陈曾燮，刘兢，罗丹，2002. 生物化学实验 [M]. 北京：中国科学技术出版社.

高玲，刘卫群，2014. 生物化学实验教程 [M]. 北京：高等教育出版社.

郭尧君，1999. 蛋白质电泳实验技术 [M]. 北京：科学出版社.

何幼鸾，2006. 生物化学实验 [M]. 武汉：华中师范大学出版社.

胡琼英，秦春，陈敏，2014. 生物化学与分子生物学实验技术：3 版 [M]. 北京：化学工业出版社.

黄建华，袁道强，陈世锋，2009. 生物化学实验 [M]. 北京：化学工业出版社.

纪建业，2005. 脂肪酶活力测定方法的改进 [J]. 通化师范学院学报，26（6）：51-53.

江慧芳，王雅琴，刘春国，2007. 三种脂肪酶活力测定方法的比较及改进 [J]. 化学与生物工程，24（8）：
72-75.

李建武，2001. 生物化学实验原理和方法 [M]. 北京：北京大学出版社.

李慎涛，2007. 精编蛋白质科学实验指南 [M]. 北京：科学出版社.

廖菁菁，2006. 蔗糖发酵过程中无机磷含量的变化研究 [J]. 四川食品与发酵，42（4）：34-37.

刘维全，2008. 动物生物化学实验指导 [M]. 北京：中国农业出版社.

刘卫群，陈建新，吴鸣建，2000. 基础生物化学 [M]. 北京：气象出版社.

刘志国，2014. 生物化学实验：2 版 [M]. 武汉：华中科技大学出版社.

史峰，2002. 生物化学实验 [M]. 杭州：浙江大学出版社.

王春霞，孙领霞，刘满英，1999. 双波长分光光度法测定河北省多种粮豆作物中直、支链淀粉含量 [J]. 光
谱实验室，16（3）：259-261.

王冬梅，吕淑霞，王金胜，2009. 生物化学实验指导 [M]. 北京：科学出版社.

文树基，1994. 基础生物化学实验指导 [M]. 西安：陕西科学技术出版社.

西北农业大学，1986. 基础生物化学实验指导 [M]. 西安：陕西科学技术出版社.

杨光彩，2005. 生物化学实验指导 [M]. 广州：华南理工大学出版社.

袁玉荪，朱婉华，陈钧辉，1979. 生物化学实验 [M]. 北京：人民教育出版社.

袁玉荪，1988. 生物化学实验技术 [M]. 北京：高等教育出版社.

张龙翔，张庭芳，李令媛，2003. 生化实验方法和技术：3 版 [M]. 北京：高等教育出版社.

张瑞良，1994. 小牛胸腺丙酮粉的制备及 DNA 的提取 [J]. 镇江医学院学报，4（2）：89-90.

赵赣，陈鑫磊，陈惠，等，2000. 生物化学实验指导 [M]. 南昌：江西科学技术出版社.

赵永芳，1994. 生物化学技术原理及其应用 [M]. 武汉：武汉大学出版社.

郑洪元，张德生，1982. 土壤动态生物化学研究法 [M]. 北京：科学出版社.

周顺伍，2002. 动物生物化学实验指导：2 版 [M]. 北京：中国农业出版社.

朱检，曹凯鸣，周润琦，等，1981. 生物化学实验 [M]. 上海：上海科学技术出版社.

Boyer R，2000. Modern experimental biochemistry：3 rd ed [M]. San Francisco：Addison-Wesley Publishing

Company.

Bradford M M，1976. A rapid and sensitive method for the quantitation of microgram quantities of protein utilizing the principle of protein-dye binding [J]. Anal. Biochem. ，72：248 - 254.

David J H，Hazel P，1983. Analytical Biochemistry [M]. London/New York：Longman Press.

John R C，1996. Protein and peptide analysis by mass spectrometry [M]. New York：Humana Press.

Seelert H，Krause F，2008. Preparative isolation of protein complexes and other bioparticles by elution from polyacrylamide gels [J]. Electrophoresis，29：2617 - 2636.

Wilson K，Walker J，2000. Principles and techniques of practical biochemistry：5th ed [M]. Cambridge：Cambridge University Press.

图书在版编目（CIP）数据

基础生物化学实验 / 朱新产，高玲主编 . —北京：
中国农业出版社，2016.8（2023.6 重印）
全国高等农林院校"十三五"规划教材
ISBN 978 - 7 - 109 - 21796 - 6

Ⅰ.①基…　Ⅱ.①朱…②高…　Ⅲ.①生物化学-实
验-高等学校-教材　Ⅳ.①Q5 - 33

中国版本图书馆 CIP 数据核字（2016）第 170408 号

中国农业出版社出版
（北京市朝阳区麦子店街 18 号楼）
（邮政编码 100125）
责任编辑　刘　梁

中农印务有限公司印刷　新华书店北京发行所发行
2016 年 8 月第 1 版　2023 年 6 月北京第 5 次印刷

开本：787mm×1092mm　1/16　印张：8.5
字数：195 千字
定价：23.00 元
（凡本版图书出现印刷、装订错误，请向出版社发行部调换）